JN177041

美しい深海生物

Beautiful Organisms in the Deep Sea

写真・文 藤原義弘
JAMSTEC（海洋研究開発機構）

文 中野富美子

海に潜ったことがありますか？
寄せては返す波を受けながら海に入ると、
そこはたくさんの生きものたちの楽園です。
小さな魚や貝、かわいいエビやカニ、
時には大きな魚がゆうゆうと泳いでいるのに出会います。
地球最大の生物、クジラも海の住人です。
でも、わたしたちが知っているのは海のほんの一部。
深い海には、誰も知らなかった
不思議な生物がたくさんいます。
そこには、巨大なクジラを
骨まで食べてしまう生きものもいるのです。

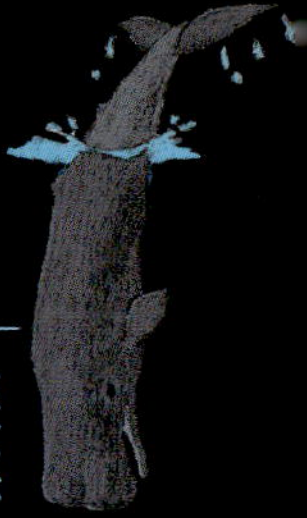

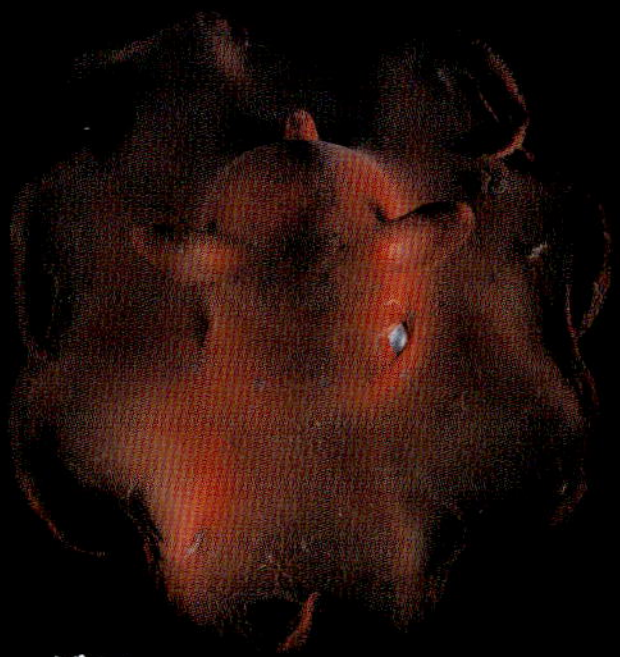

メンダコ
Opisthoteuthis depressa

- 幅：20cm
- 採集した場所：南西諸島海溝
- 採集した水深：1000m

タコの仲間だが、８本の腕の間に膜があり、スカートのようになっている。眼の近くのヒレで羽ばたくように泳ぐ。

ヒメコンニャクウオ
Careproctus rotundifrons

- 全長：10cm
- 採集した場所：相模湾
- 採集した水深：923m

コンニャクの名の通り、体はぶよぶよしている。丸い大きな頭に大きな眼と口がある。2008 年に名前がつけられた新種。

Contents

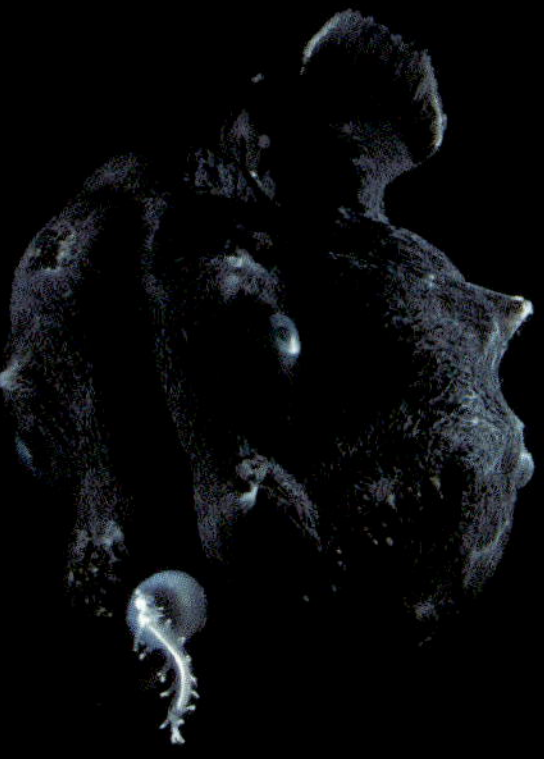

オニアンコウの仲間
Linophryne sp.

◆全長：20cm
◆採集した場所：相模湾
◆採集した水深：不明

口の上に偽のエサをつけて獲物をおびき寄せ、大きな口で襲いかかる深海のハンター。ただし、それはメスだけ……。

ウスオニハダカ
Cyclothone pallida

◆全長：5cm
◆採集した場所：沖縄トラフ（海底の細長い凹み）
◆採集した水深：950m

細い体に小さな眼。大きな口には鋭い歯がある。腹部には発光器がならんでいる。

深海ってどんなところ?

息を止めて頭から海に潜ります。
足ひれをつけても、潜れるのはほんの数メートル。
素潜りで人が最も深く潜った記録は１００メートルほど。
海の最深部はその１００倍も深いのです。
深い海は、太陽の光が届かない暗黒の世界。
水は冷たく、強烈な水圧がかかります。
真っ暗な世界を想像してみてください。
食べものも、仲間の姿も見えず、自分を襲う敵の姿も見えません。
そんな世界で、生物はどのように生きているのでしょうか。

05

アシナガサラチョウジガイ

Stephanocyathus spiniger

- 横幅：6.5cm
- 採集した場所：南西諸島海溝
- 採集した水深：500m

名前に貝とあるが、刺胞動物のサンゴの一種。サンゴには、群体となってサンゴ礁をつくるものと、単体で生きるものがいる。これは単体のサンゴ。名前の通り脚が長いのが特徴。深海性のサンゴにも関わらず飼育が可能で、動物性のエサをよく食べる。

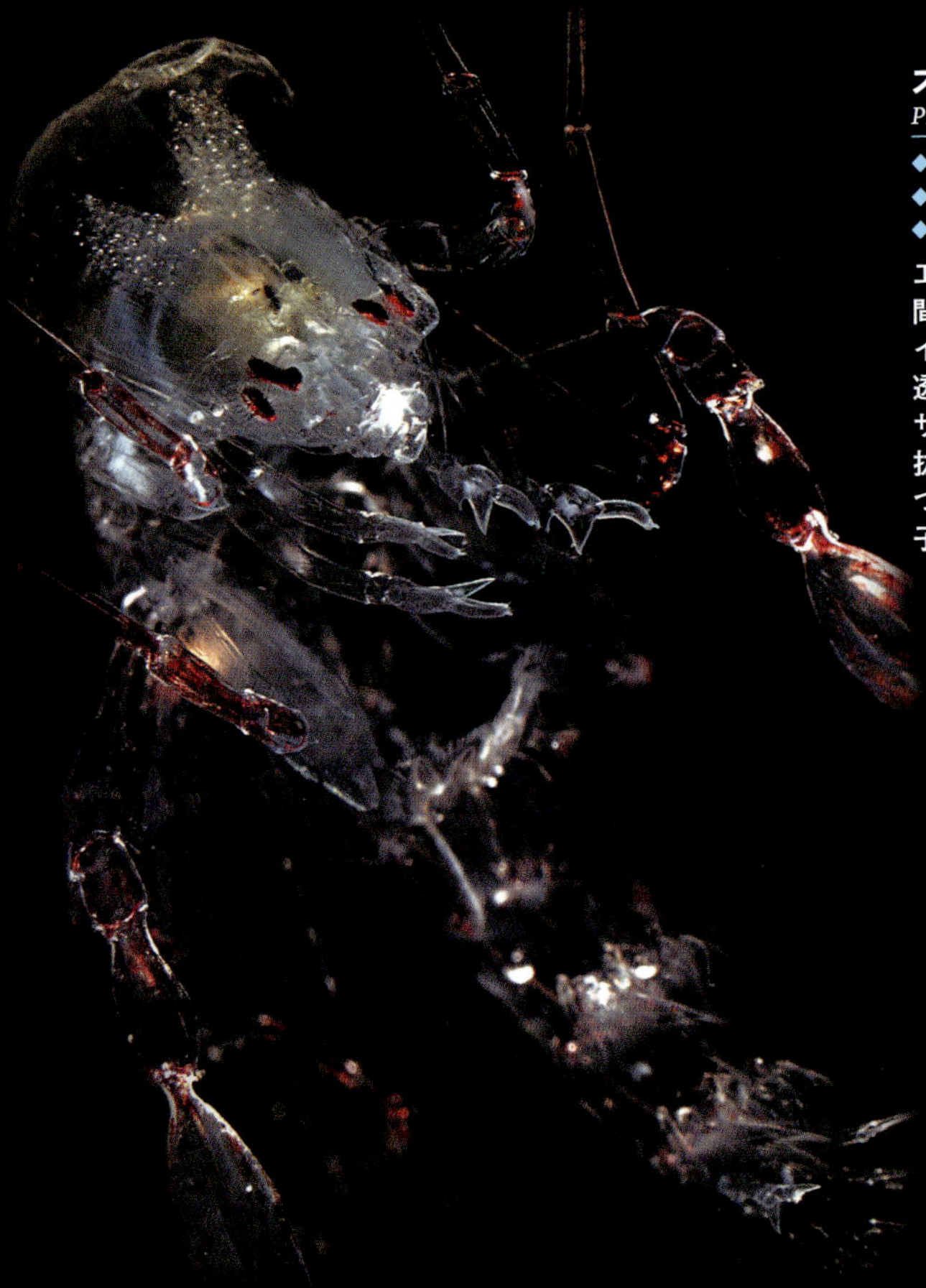

オオタルマワシ

Phronima sedentaria

- 体長：3cm
- 採集した場所：鹿児島沖
- 採集した水深：不明

エビやカニと同じ甲殻類の仲間。その姿から、「深海のエイリアン」とも呼ばれている。透明なゼラチン質生物であるサルパなどを襲い、中をくり抜いてタルのような形の巣をつくる。その中に卵を産んで子どもを育てる。

ウロコムシの仲間

Polynoidae gen. sp.

- 体長：5cm
- 採集した場所：相模湾
- 採集した水深：928m

釣りのエサにするゴカイの仲間。虹色に輝く美しいウロコを持っている。ところがこのウロコ、驚いたりすると落ちてしまう。

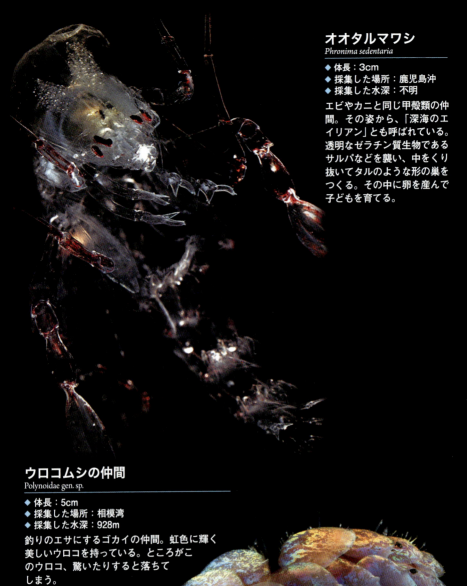

オオナミカザリダマ

Tanea magnifluctuata

◆ 全長（軟体部がのびたとき）：2cm
◆ 採集した場所：鹿児島県野間岬沖
◆ 採集した水深：250m

2005年にクジラの骨の周りで、生きている姿が初めて発見された。ヒラノマクラなどの貝を襲う肉食の貝。発見されたときは新種かと思われたが、40年以上前に名前がつけられた貝だとわかった。最初に発見されたときは、貝がらしかなかったので、別の貝かと思われたのだ。とてもきれいな貝だ。

ベニズワイガニ

Chionoecetes japonicus

◆ 甲らの幅：10cm
◆ 採集した場所：富山トラフ海鷹海脚《うみたかかいきゃく》
◆ 採集した水深：894m

カニ缶の材料などとして、わたしたちにもなじみ深いカニ。水深500～2700mの深海にすみ、イカや死んだ魚の肉などを食べる。「ベニ」の名の通り、全身が赤い。同じ仲間のズワイガニより深い海にすんでいる。

Q：深海生物は、なぜつぶれない？
A：深海では、たいへんな圧力がかかり、金属バットのようにかたいものも、中に空気が入っているものはつぶれてしまいます。でも、水風船のように水で満たされているものはつぶれません。深海生物も同じような理由でつぶれないのです。

どこからを深海と呼ぶ？

通常、水深２００メートルより深い海を深海と呼びます。地球の表面積の約70パーセントは海です。そして、海の最も深いところは約1万９００メートル。海全体の容積の95パーセント以上は深海です。

わたしたちは、地球の大きな部分を占める海のほとんどを知らないことになります。

陸地には木や草などたくさんの植物が生え、浅い海にも海草や海藻などの植物が生えています。でも、水深２００メートルを超える海には光がほとんど届かないので、植物は生きられません。

暗く冷たい深海に暮らす生物たちは、上から降って来るマリンスノーや、他の動物たちを食べて生きています。また、特殊な細菌がつくる栄養で生きるものもいます。

マリンスノー。海の中を沈んでいくところが雪のように見えることから、「マリンスノー」と呼ばれる。正体はプランクトンの死がいやフン、脱皮がらなど。

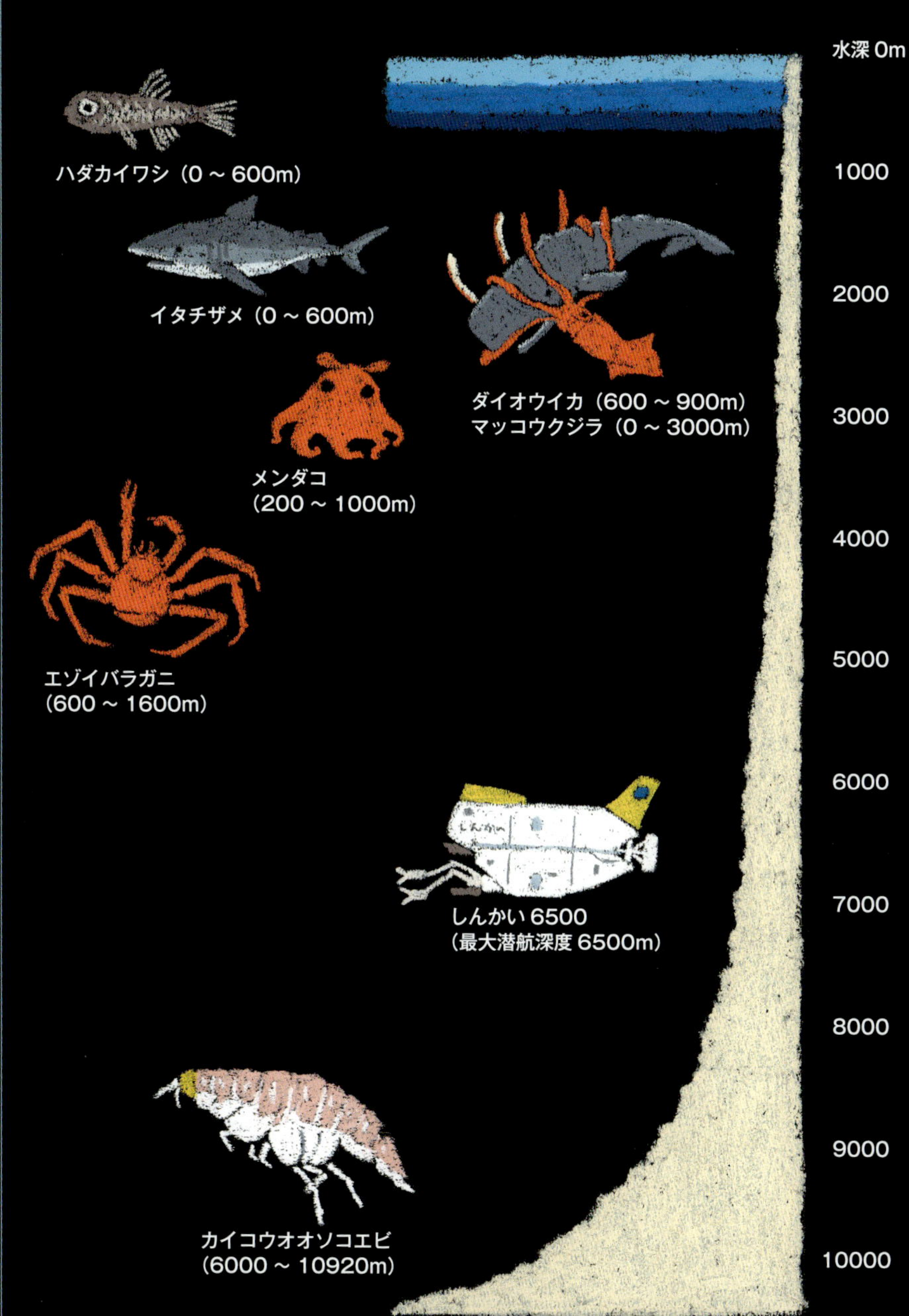
水深 0m
1000
2000
3000
4000
5000
6000
7000
8000
9000
10000
ハダカイワシ（0 ～ 600m）
イタチザメ（0 ～ 600m）
ダイオウイカ（600 ～ 900m）
マッコウクジラ（0 ～ 3000m）
メンダコ
（200 ～ 1000m）
エゾイバラガニ
（600 ～ 1600m）
しんかい
しんかい 6500
（最大潜航深度 6500m）
カイコウオオソコエビ
（6000 ～ 10920m）

潜って調べる潜水調査船

今から４００年以上前、ガリレオが初めて望遠鏡で宇宙を観察してから、
人は遠い宇宙の星々のくわしい姿を見ることができるようになりました。
でも、その後も長い間、誰も深い海の中を見ることはできなかったのです。
宇宙より未知の世界、深海。有人潜水調査船ができてはじめて、
わたしたちは深海の姿を直接見ることができるようになりました。
でも、そこはたいへんな水圧のかかる場所。
絶対につぶれない強い船でしか、潜ることはできません。

しんかい 6500
水深 6500m まで潜れる有人潜水調査船。研究者が乗り、実際に窓から深海の様子を見て、深海生物の動きを観察したり、採集したりすることができる。生物の研究だけでなく、東日本大震災でできた深海底の裂け目を発見するなど、大きな研究成果をあげている。

コニカルハッチ
乗下船するときの出入り口

同期ピンガ
潜水船の位置を測るため、母船からの合図に応じて、潜水船が自分の居場所を伝えるために音を出す装置

バラストタンク
海面で浮いているための空気を入れるタンク。海水を入れると、潜り始める

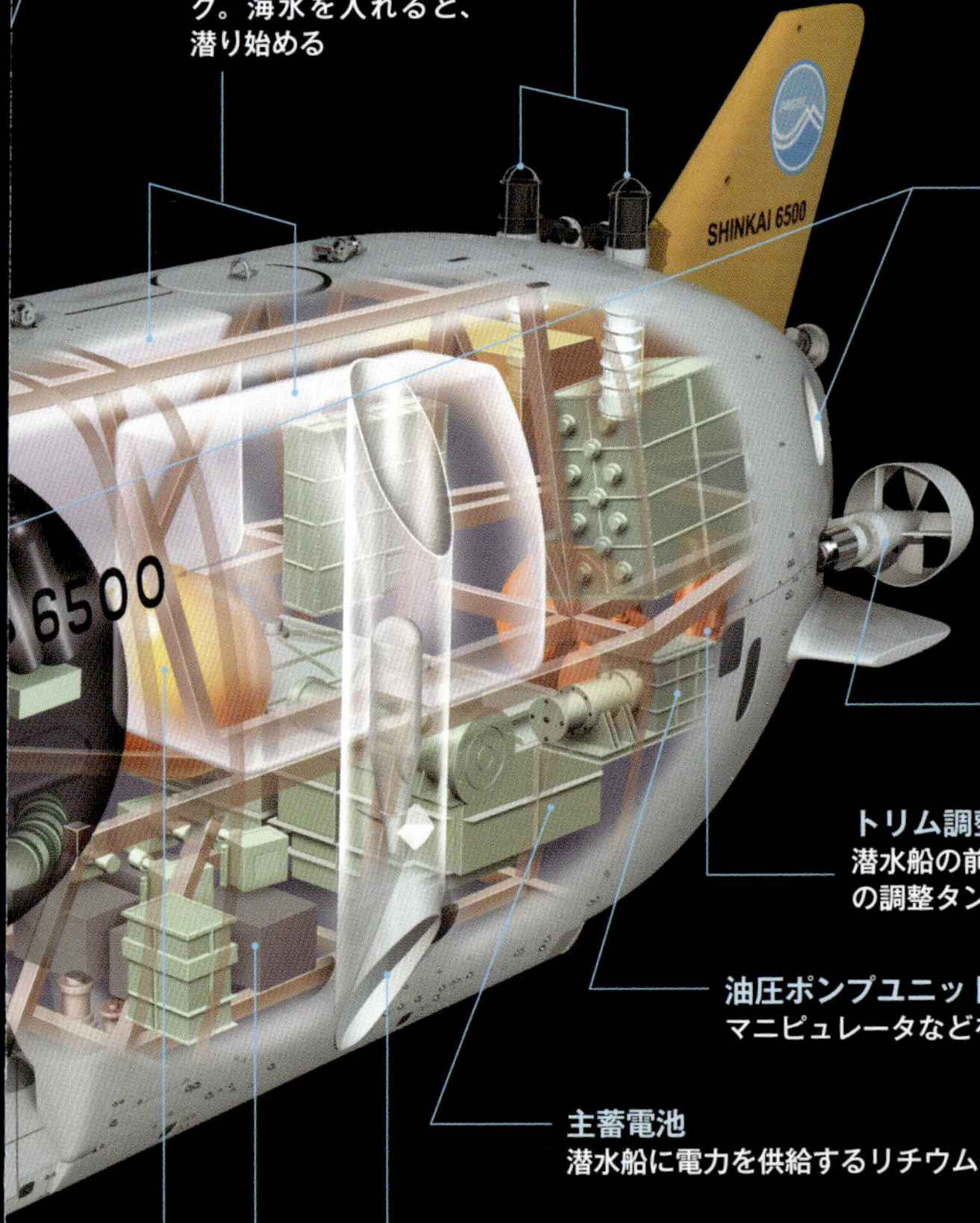

水平スラスタ
潜水船を左右に移動させるためのスクリュー

主推進機
船を前後に動かすためのスクリュー

トリム調整タンク
潜水船の前と後ろを、上下に傾けるための調整タンク

油圧ポンプユニット
マニピュレータなどを動かすための装置

主蓄電池
潜水船に電力を供給するリチウムイオン電池

垂直スラスタ
潜水船を上下方向に移動させるためのスクリュー

バラスト（ウエイト）
潜水船を潜らせるためのおもり。これをすべて捨てると潜水船は浮き始める

補助タンク
海水を出し入れして潜水船の重さ、浮く力を調整するタンク

耐圧殻《たいあつこく》内の様子

流向流速計
水の流れる方向や速さを測る装置
音響測位装置
潜水船が今どこにいるか、位置を測る装置
前方障害物探知ソーナー
音波を使って、潜水船の周りにある障害物などを調べる装置
チタン合金製耐圧殻
パイロットや研究者が乗り込むチタン合金製のキャビン（コックピット）
投光器
潜水船の周り、10m くらいの範囲を照らすことができるライト
ハイビジョンテレビカメラ
デジタルスチルカメラ
深海で周りの様子を撮影、録画できるカメラ
マニピュレータ
岩石、泥、生物などを採集するためのロボットアーム
のぞき窓
潜水船の耐圧殻内から乗船者が外を見る窓
サンプルバスケット
岩石や捕まえた生物を入れるカゴ。観測装置も取りつけられる

◆しんかい 6500 の性能

全長…9.7m
幅…2.8m
高さ…4.1m（垂直安定ひれ頂部まで）
空中重量…26.7t
最大潜航深度…6,500m
乗員数…3 名（パイロット 2 名／研究者 1 名）
耐圧殻内径…2.0m
通常潜航時間…8 時間
ライフサポート時間…129 時間
積み込める観測機材の重さ…150kg（空中重量）
最大速力…2.7 ノット
搭載機器…ハイビジョンテレビカメラ（2 台）、CTD/DO（塩分、水温、圧力計、溶存酸素の測定器：1 台）、デジタルカメラ（1 台）、海水温度計（1 台）、マニピュレータ（7 関節 2 台）、可動式サンプルバスケット（2 台）、その他航海装置など

ハイパードルフィン

高性能カメラを備えた無人探査機。水深4500mまで潜ることができる。海上の船からの操作で、深海生物を撮影したり、マニピュレータと呼ばれる作業用のロボットアームで観測装置を設置したりすることができる。

船から探査機を降ろすところ
探査機には、精密なカメラや様々な機械がついているので、ぶつかったりすると壊れてしまう。そのため、船から降ろす作業は、とても慎重に行う必要がある。せっかく調査地点まで行っても、海が荒れていて探査機を降ろせないこともある。

クラムボン

東日本大震災で被害を受けた東北の、漁業の復興をサポートするためにつくられた無人探査機。海中のガレキの様子を調べたり、海底の生物の様子を調査したりする。クラムボンという名は、宮沢賢治の童話『やまなし』の中で、カニの子どもたちの会話に登場する言葉からつけられた。

かいこう Mk-Ⅳ

水深 7000m まで潜れる世界トップクラスの無人探査機。「かいこう」のランチャーとつながり、ランチャーは海上の船とケーブルでつながっている。地震直後など「しんかい 6500」で人が潜航するには危険な場所でも調査することができる。

ベイトカメラ

海底に沈めてエサに集まる生物の個体密度を計測するためのカメラ。フリーフォールで海底に設置し、調査船から送った音響信号によりおもりを切り離して浮上する。水深 6000m まで調べることができる。サバなどの魚をエサに使用する。光の影響を抑えるために、近赤外～赤色の LED ライトを投光し、赤外モードで撮影する。匂いの拡散範囲を推定するための流向流速計を搭載している。

現場バイオプシーシステム「IBIS」

海底で大型の生物を自動認識し、バイオプシー針を魚に打ち込んで微量な筋肉組織を採集するための自立型ロボット。扇状に広がる 2 つのシートレーザー光を利用して対象生物の大きさや生物までの距離を計測する。2017 年に初の深海調査を予定している新規開発の装置である。

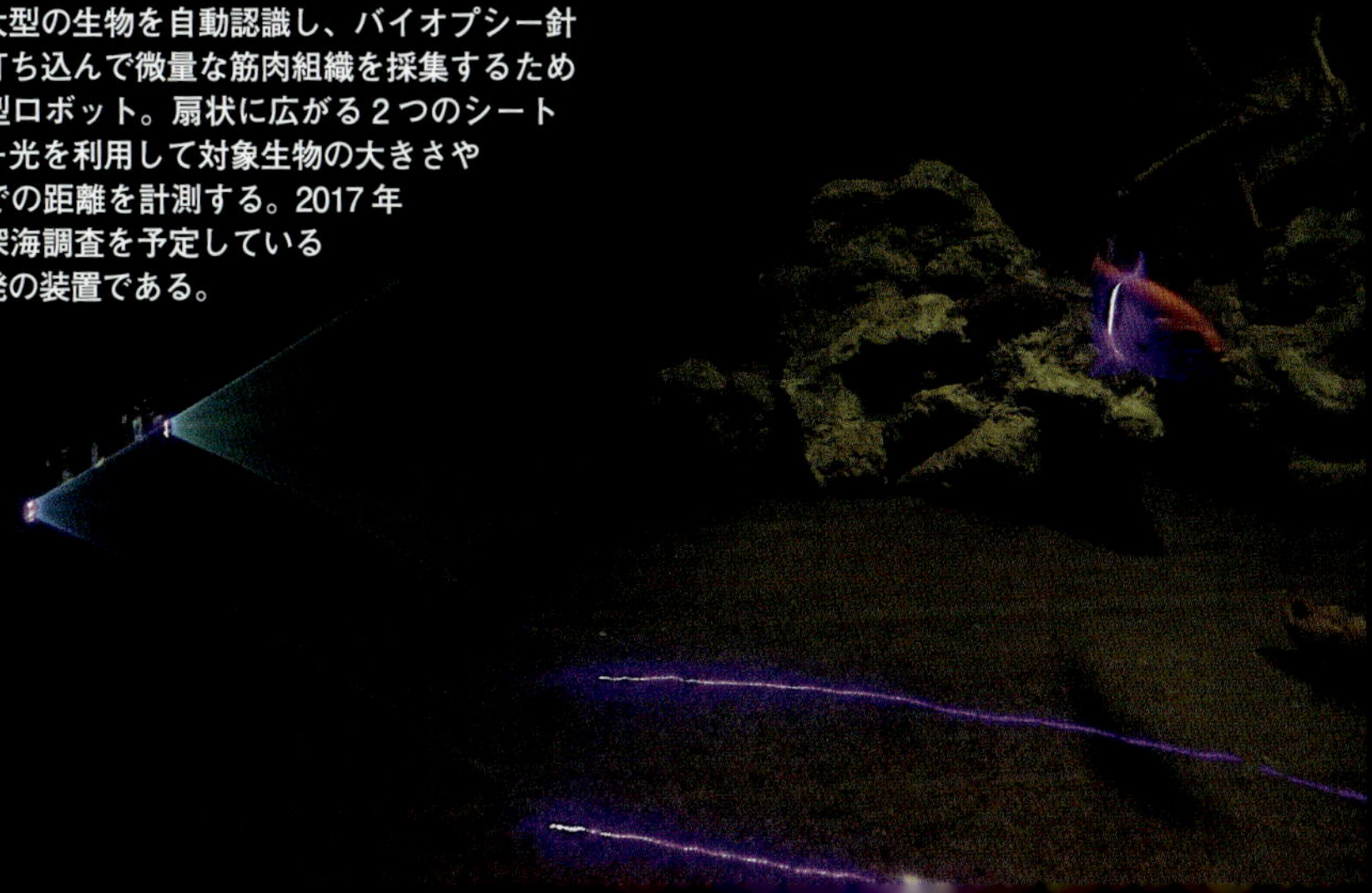

深海の水圧に耐えるには？

水の中では、深くなるにつれて圧力が高くなります。地上でわたしたちが受ける圧力は1気圧ですが、100メートル潜ると水圧はその10倍の10気圧、6500メートルでは650気圧。指先に、約650キログラムもの物体が乗ったほどの圧力になります。

人が潜水調査船に乗って深海に行くためには、高い水圧でもつぶれない構造が必要です。「しんかい6500」では、乗組員は、直径2メートルの頑丈なチタンボールの中に入ります。そんな狭い空間に、パイロットふたりと研究者ひとりが乗り、最大で約8時間潜ることができます。

また、無人探査機も活躍しています。無人探査機とは、海上の船とケーブルでつながっている水中ロボットで、船からの指示を受け、海底の様子を調べたり、マニピュレータと呼ばれる作業用ロボットアームで生物を採集したりすることができます。

高圧実験水槽。水深 15000m と同じ圧力を加えることができ、機械などが深海で壊れたりしないか実験することができる。

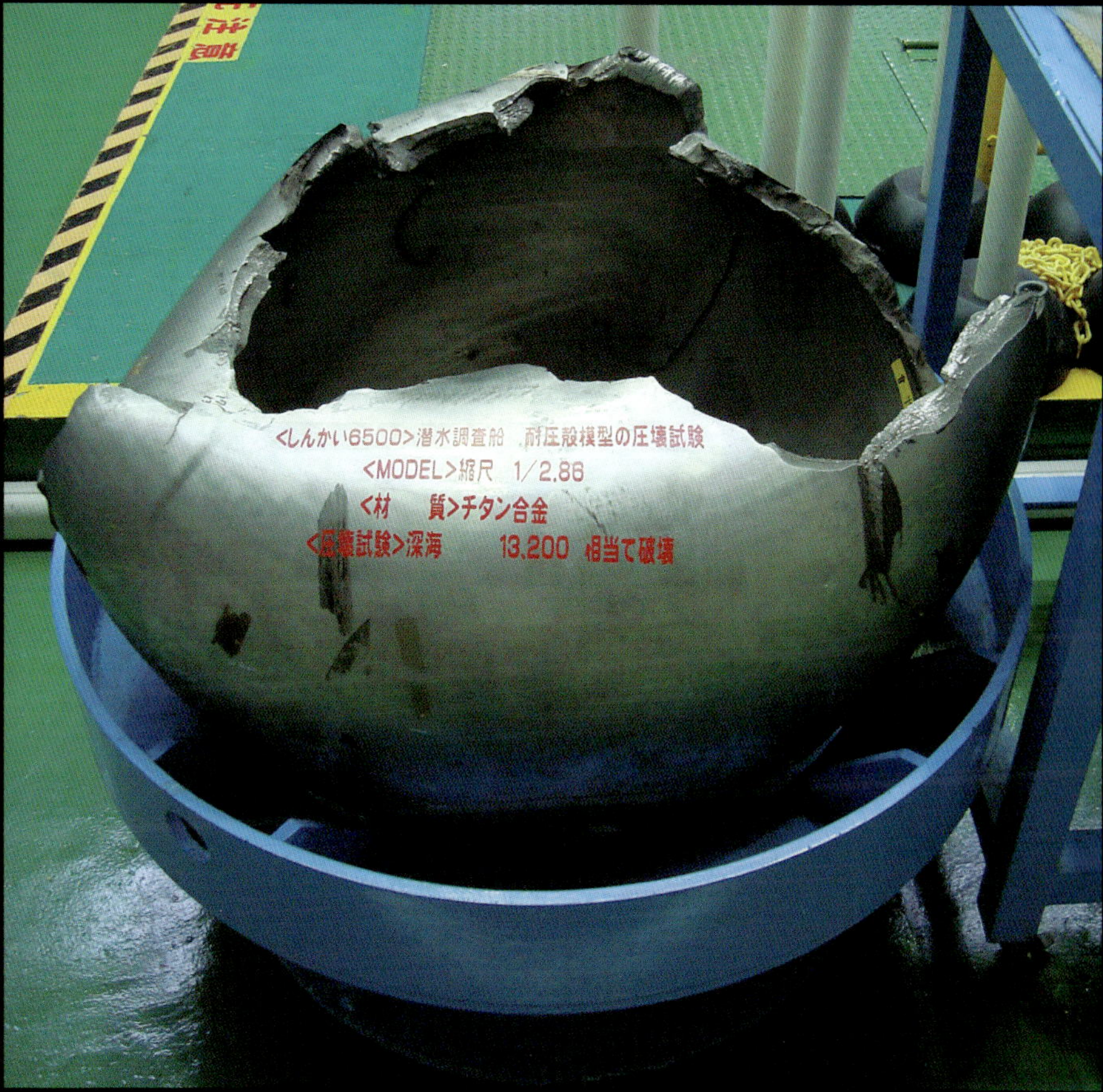

このチタン合金のボールは、水深 13200m と同じ水圧で壊れた。

Q：有人潜水調査船でトイレはどうする？
A：有人潜水調査船にトイレはありません。人が乗り込む部分は、チタン合金のボールでできていますが、そのチタンボールは大きいと、壁が厚く重くなるので、なるべく小さくする必要があります。狭い空間に機械がたくさんあり、乗組員が３人も乗るのでトイレをつくる場所がないのです。乗組員は、水を吸収する袋状の携帯トイレの中に用を足すか、紙おむつをします。

なぜ深海には不思議な姿の生物がいる？

有人潜水調査船で潜ってみると、深海には、
わたしたちが想像もできなかったような、不思議な姿をした生物がいました。
大きな眼をしたものや眼がなくなっているもの。
大きな口をした動物や自分では何も食べない動物。透明な生物や光る生きもの。
大きなメスにかじりついて一生離れない小さなオスなどなど。
それらはみんな、とても暗くて食べものの乏しい深海という、
わたしたちの知っている世界とはまったく違う世界に生きるための姿なのです。

セノテヅルモヅル

Astrocladus coniferus

- 腕長：20cm
- 採集した場所：不明
- 採集した水深：不明

ツル性の植物のように見えるが、ヒトデなどと同じ棘皮動物の一種。棘皮動物は、体が「5放射相称」であることが特徴。テヅルモヅルも、中心から5本の腕がのび、枝分かれして広がっている。広がった腕でプランクトンなどを捕らえて食べる。

ブンブクの仲間

Spatangoida sp.

- 幅：2cm
- 採集した場所：鹿児島湾
- 採集した水深：200m

ブンブクはウニの仲間で、ウニを押しつぶしたような形をしている。海底の砂や泥の中に潜って暮らし、泥の中の栄養分を食べる。このブンブクは深海で発見された小型種。

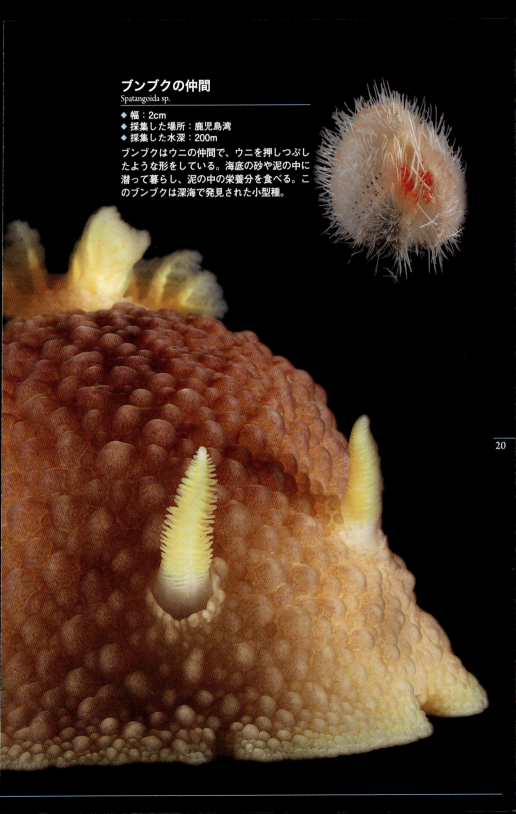

ガラスカイメンの仲間

Hexactinellida sp.

◆ 全長：25cm
◆ 採集した場所：南西諸島海溝
◆ 採集した水深：1981m

カイメンは、岩か植物のように見えるが立派な動物で、複数の細胞からなる多細胞動物のうち､最も原始的。幼生のときは自由に泳ぐが、成体になると、海底の岩の上につくなどして、移動することはできない。体の壁の穴から、水と一緒に入ったプランクトンなどを食べる。

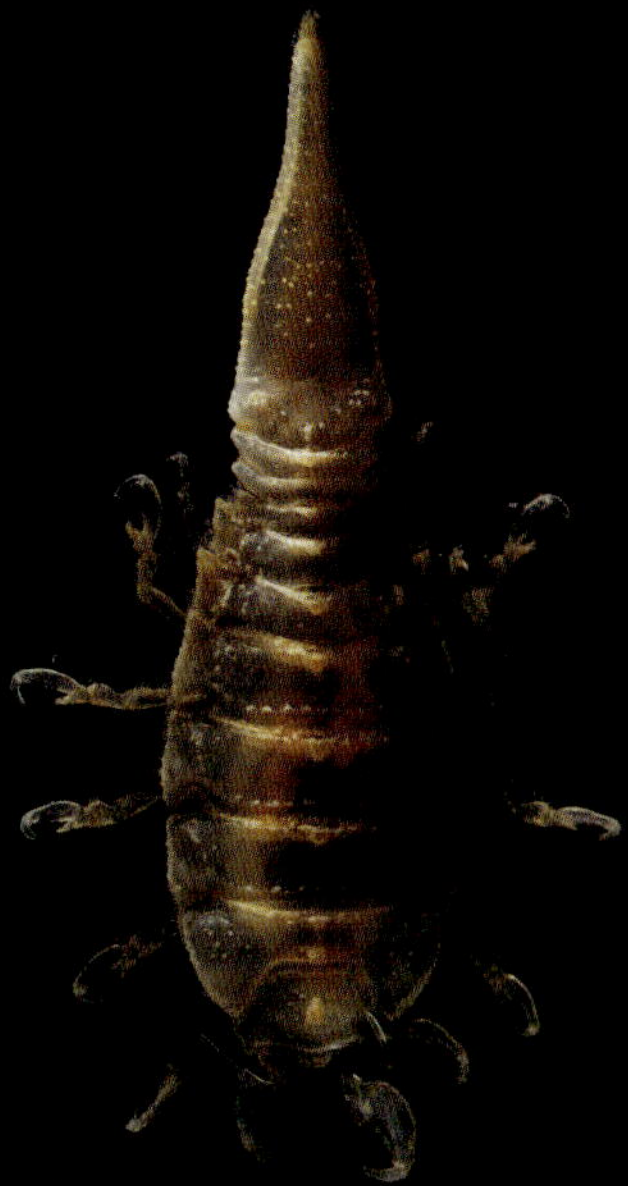

ドーリスの仲間

Dorididae gen. sp.

◆ 全長：8.9cm
◆ 採集した場所：南三陸沖
◆ 採集した水深：290m

ウミウシの一種。ウミウシは、いろいろな形のものがいるが、これは前に生えた2本の角と後ろのフリルが印象的。前の角は眼のように見えるが触角。後ろのフリルは呼吸をするためのエラ。「クラムボン」のスラープガンで採集された。

ヤリボヘラムシ

Symmius caudatus

◆ 全長：1.3cm
◆ 採集した場所：相模湾
◆ 採集した水深：491m

虫と名づけられているが、昆虫ではない。深海にはまったく昆虫はいない。ダンゴムシやダイオウグソクムシと同じ甲殻類の中の等脚類に属する生物。体の後部が、ヤリの穂先のような形をしていることが名の由来。海底の砂泥の中に暮らしている。2012年に沈めたクジラの遺がいの周りで採集した。

ヒゲナガダコの仲間

Cirroteuthidae gen. sp.

- ◆ 腕をのばした長さ：150cm
- ◆ 撮影した場所：伊豆・小笠原海域水曜海山
- ◆ 撮影した水深：1381m

とても大きなタコだ。熱水噴出孔の近くをゆったりと泳いでいた。この仲間は、吸盤の近くに長いヒゲが生えているのが特徴。

マツカサキンコ

Psolus japonicus

- ◆ 全長：3.4cm
- ◆ 採集した場所：岩手県釜石沖
- ◆ 採集した水深：576m

ナマコの一種。酢のものなどで食するナマコは、海底を這い回り、泥を口に入れて有機物だけ摂取し、不要な泥を排泄する「海の掃除屋」。このナマコは岩や海底の崖に付着している。這い回ってエサを採る代わりに、木の枝のように広がる触手で懸濁物などを捕って食べる。鱗状の骨片で覆われた姿から松笠の名を得た。

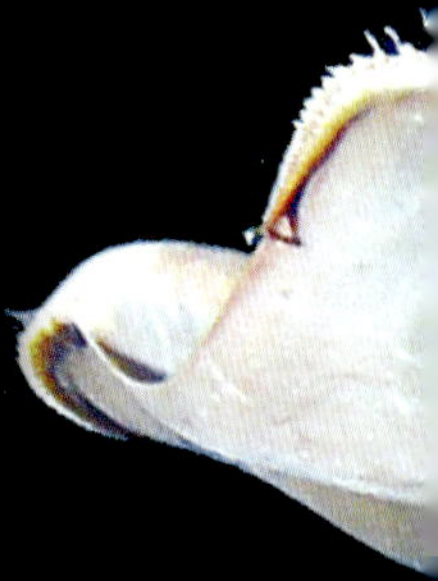

カワリオキヤドカリ

Tsunogaipagurus chuni

- 全長：4cm
- 採集した場所：南西諸島海溝
- 採集した水深：497m

多くのヤドカリは巻き貝の貝がらを利用するが、カワリオキヤドカリは細長いツノガイの貝がらをすみかにしている。鮮やかな紅白が印象的。2012 年 1 月に、無人探査機「かいこう 7000 Ⅱ」によって採集された。

タナイスの仲間

Tanaididae gen. sp.

- 全長：3mm
- 採集した場所：鹿児島湾
- 採集した水深：100m

タナイスは、エビやカニと同じ甲殻類。浅い海から深海まで様々な種類がいる。これは、3mm と小さく、深海温泉に暮らすサツマハオリムシの周辺から採集された。

眼と口の大きさでわかること

光の少ない深海には、大きな眼をした生物がいます。
さらに深く１０００メートルを超えると、
まったく光がなくなるので、眼があっても光るもの以外は見ることができません。
そんな真っ暗闇の世界にすむ生物の中には、
眼が小さくなっていき、なくなったものもいます。
また、深海は生物が少ないので、
どんな獲物でも飲み込もうと、大きな口をしたものもいるのです。

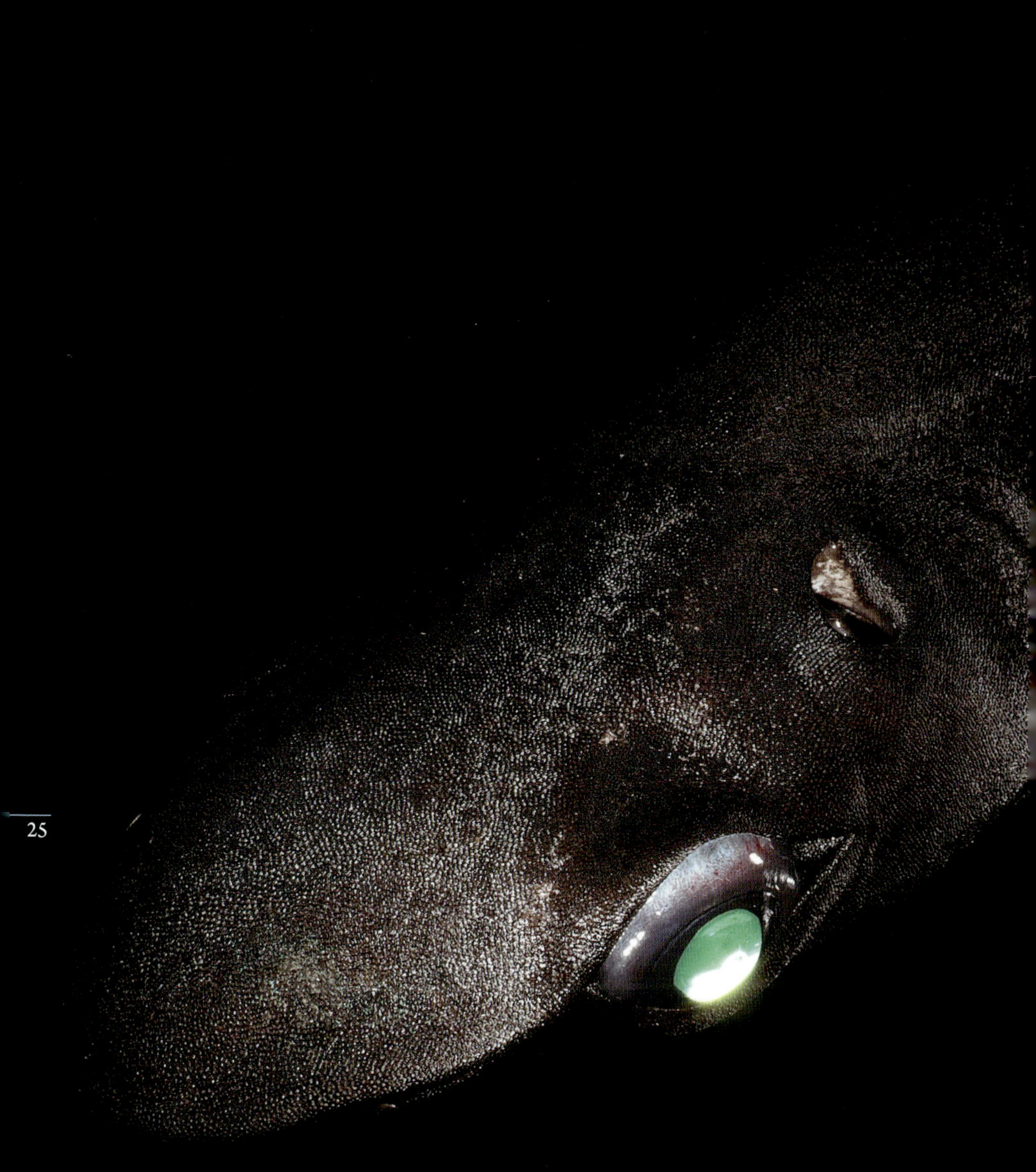

ユメザメ

Centroscymnus owstonii

◆ 全長：116cm
◆ 採集した場所：駿河湾
◆ 採集した水深：400 m

水深 500 〜 1000m にすむ深海性のサメ。真っ黒な体に輝く瞳が印象的。サメの中には、瞬膜といって眼を保護する膜を持つものがいるが、ユメザメは目を閉じることができる。その姿が夢を見ているようだということが名の由来。深海延縄で採集されたものを船上で撮影した。

ホテイエソの仲間
Photonectes sp.

- 全長：8cm
- 採集した場所：鹿児島沖
- 採集した水深：不明

眼の後ろに大きな発光器があり、ヘッドライトとして利用する。またアゴから伸びたヒゲの先にも発光器があり、光を使って獲物をおびき寄せ、大きな口で襲いかかる。

チヒロダコの仲間
Benthoctopus sp.

- 全長：18.4cm
- 採集した場所：岩手県釜石沖
- 採集した水深：474 m

浅い海のタコは、危険を感じると墨を吐いて煙幕にして逃げる。ところが、真っ暗な深海では墨を吐いても意味がないので、墨を吐かないものが多い。この仲間も墨汁の袋がないものがいる。東北復興プロジェクトの一環で行った深海調査で出会った、全身の光沢が美しいタコだ。

Q：眼が大きい生物は視力もいい？

A：基本的に、眼が大きいと光がたくさん入るので、眼の感度が高くなります。深海にすむダイオウイカなどは、眼の直径が約 30cm もあります。ただ、深海では、視覚の他に嗅覚や聴覚、触覚なども重要な感覚になります。

ヤムシの仲間

Chaetognatha sp.

- 全長：20mm
- 採集した場所：沖縄トラフ
- 採集した水深：1593m

小さいけれど、獰猛なハンターで、深海に漂い獲物を待ち伏せる。体の前方には鋭い歯を持った大きな口があり、矢のように素早い動きで獲物を捕まえる。

ウラナイカジカの仲間

Psychrolutes sp.

- 全長：22cm
- 採集した場所：相模湾
- 採集した水深：906m

大きな丸い頭をした深海魚。あまり活発には泳がず、海底でじっとしていることが多い。有人潜水調査船で、傷をつけないように捕まえると、研究室で何年も飼うことができる。深海のように冷やした部屋の、普通の水槽で飼育され、ときどきエサを食べて成長した。

Q：撮影しやすい生きものと撮影しにくい生きものはいるか？

A：巻き貝のように適度にゆっくり動く生物は撮影が楽です。動きに合わせて、様々な姿を撮影することができます。撮影しにくいのは、動きの速い生物。逆に、動かない生物も変化がなくて困ります。また、ウロコムシの仲間のように、驚くとウロコを落とすような生物も撮影が難しいです。

眼と口の特殊な機能

深海は真っ暗で冷たく、植物の生えない世界です。陸上や浅い海と比べると、深海には、ほんの少ししか生物がいません。深海生物たちは、少ない獲物を見つけて食べるために、様々な機能を発達させました。

眼が大きくなるだけでなく、望遠鏡のように、眼を前に飛び出させているものもいます。

また、他の深海生物にとってはよく見えない赤い光を出してあたりを照らし、その光が見えるようになったものもいます。

また、せっかく出会った獲物は、大きくても食べてしまおうと、アゴがはずれるような形で大きく開くものもいれば、ゴム風船のように膨らむ胃袋で、何でも飲み込んでしまうものもいます。

ヤムシの仲間を上から見たところ。深海だけにすむ生物ではないが、口が上下に大きく開くだけでなく左右にキバを開いて、大きな獲物も食べることができる。

深海生物は どうやって撮影する？

深海生物は、地上に引き上げると、深海とはあまりにも違う環境に適応できず、すぐに死んでしまうものもいます。そのため、深海で採集した生物は、船の上でできるだけ手早く撮影します。

生物によっては、陸上の環境にも適応して、普通の水槽で何年も飼うことができるものもいます。さらに、卵を産んで繁殖するものもいます。そういう生物は、卵から幼生、成体と、様々な姿を観察し、撮影することができます。

しかし、高い圧力の中でしか生きられないものもいます。そういう生物は高圧水槽で飼います。それぞれの生物に合った飼育、撮影方法が必要なのです。

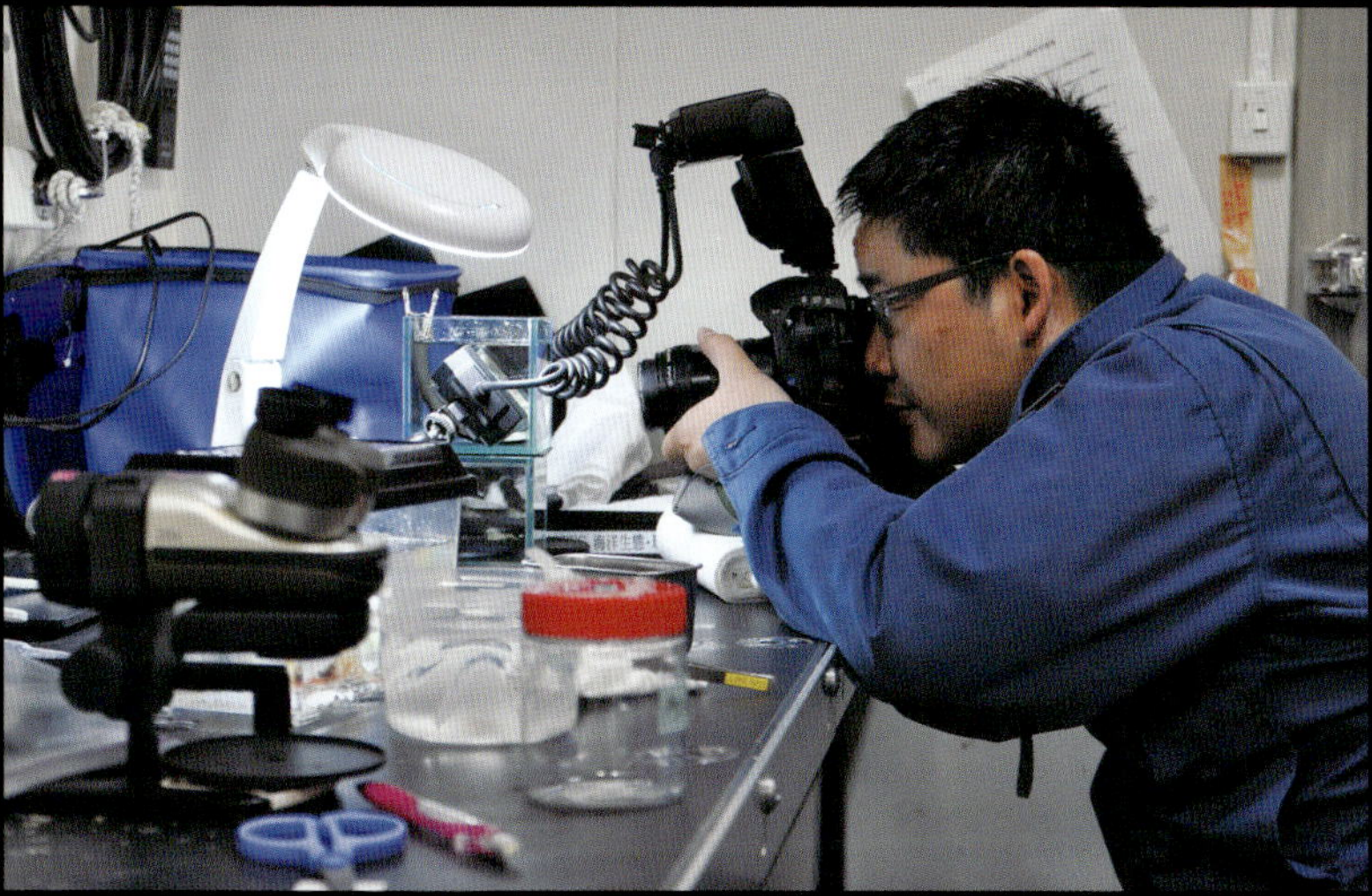

深海生物を撮影する著者

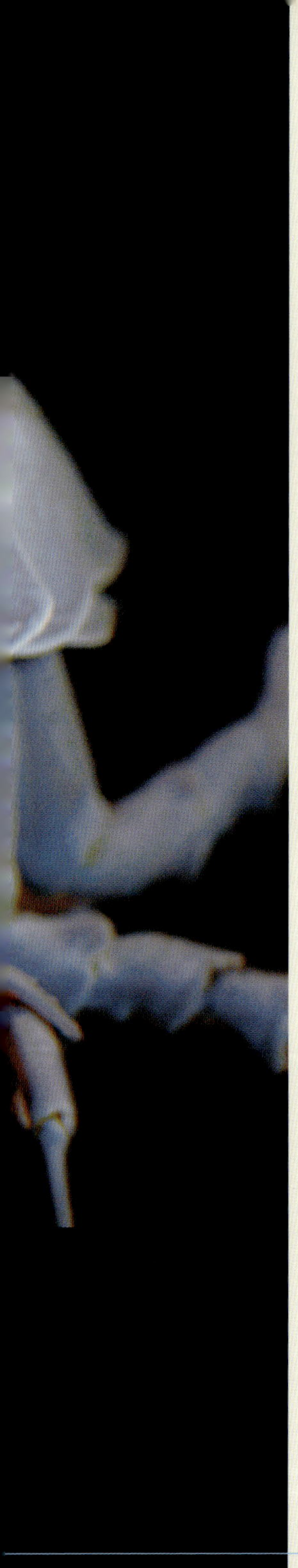

深海で体が巨大化する？

深海は食料が乏しいので、体が小さくなると思いがちですが、逆に巨大化するものもいます。

ダイオウグソクムシは、落ち葉の下などでよく見かけるダンゴムシの仲間ですが、なんと全長50センチメートル、体重1キログラム以上になるものもいます。

深海で巨大化するしくみは、まだはっきりとは解明されていませんが、水温が低いことで、様々な代謝がゆっくりと進み、寿命が長くなり、大きくなるのではないかとも考えられています。

ダイオウグソクムシ

Bathynomus giganteus

- 全長：40cm
- 採集した場所：メキシコ湾
- 採集した水深：不明

ダンゴムシの仲間の中で最大。落ち葉の下などにいるダンゴムシは、枯れ葉などを食べて栄養に変える森の掃除屋。ダイオウグソクムシも深海底で死んだ魚などを食べる深海の掃除屋だ。ふだんはじっとしているが、腹側にある脚を使って泳ぐこともできる。

オオグソクムシ

Bathynomus doederleini

- 全長：10cm
- 採集した場所：相模湾
- 採集した水深：489m

福島県より南の日本の太平洋沿岸、水深 150 ～ 1000m あたりにすんでいる。日本最大のダンゴムシの仲間。水槽で飼うこともできる。ダイオウグソクムシと同じように死肉を食べる。個体より大きな魚でもエサとして水槽に入れると、多数で群がり、あっという間に骨だけにしてしまう。

スイヨウアルビンガイ

Alviniconcha adamantis

- からの高さ：5cm
- 採集した場所：伊豆・小笠原海域水曜海山
- 採集した水深：1389m

2014 年に記載された新種。深海の巻き貝としてはかなり大型だ。エラの中に、自分で栄養をつくることのできる細菌をすまわせ、その栄養をもらって生きているので大きいのではないかと考えられている。人間にとっては有毒な硫化水素が噴き上がる海底温泉に暮らしている。

タカアシガニ

Macrocheira kaempferi

- 甲らの幅：30cm
- 撮影した場所：相模湾
- 撮影した水深：489m

脚を広げると 3m にもなる世界最大のカニ。岩手県から九州、台湾までの太平洋沿岸の、水深 50 ～ 500m にすむ。春、産卵する頃には、浅い海にやって来る。その大きさの理由はまだ解明されていない。

カイコウオオソコエビ

Hirondellea gigas

- 全長：5cm
- 採集した場所：マリアナ海溝
- 採集した水深：10920m

世界で最も深い場所に暮らす生物のひとつ。ヨコエビの仲間。水深 6000m より深い海にすみ、マリアナ海溝チャレンジャー海淵からも採集された。まったく光の届かない場所にいるため、眼は退化している。普通、ヨコエビは数 mm から 1cm 程度のものが多いが、これはやや大きめ。

Q：ダイオウグソクムシは丸くなるか？

A：ダンゴムシの仲間のうち、全長が 10cm ほどのオオグソクムシは、驚いたりするとかなり丸くなります。でも、その 4 ～ 5 倍にもなるダイオウグソクムシは、少し体をかがめるくらいで、丸くなることはできません。大きくて敵に襲われにくいので、丸くなって身を守る必要がないのかもしれません。

深海が冷たいのは冷水が下に溜まるから？

深海の水は、太陽の光が届かないので、温まりません。さらに、冷たい水は下に沈むため、いつも冷たいです。冷水が下に溜まることを実験で試してみましょう。

感じる実験

冷水が下に溜まる実験

1 ２本のペットボトルの、１本には水を、もう１本にはお湯を入れ、空気が入らないようにフタを締める。

2 ２本のペットボトルを、水の入った水槽などに入れると、お湯が入ったほうは浮き、水が入ったほうは沈む。

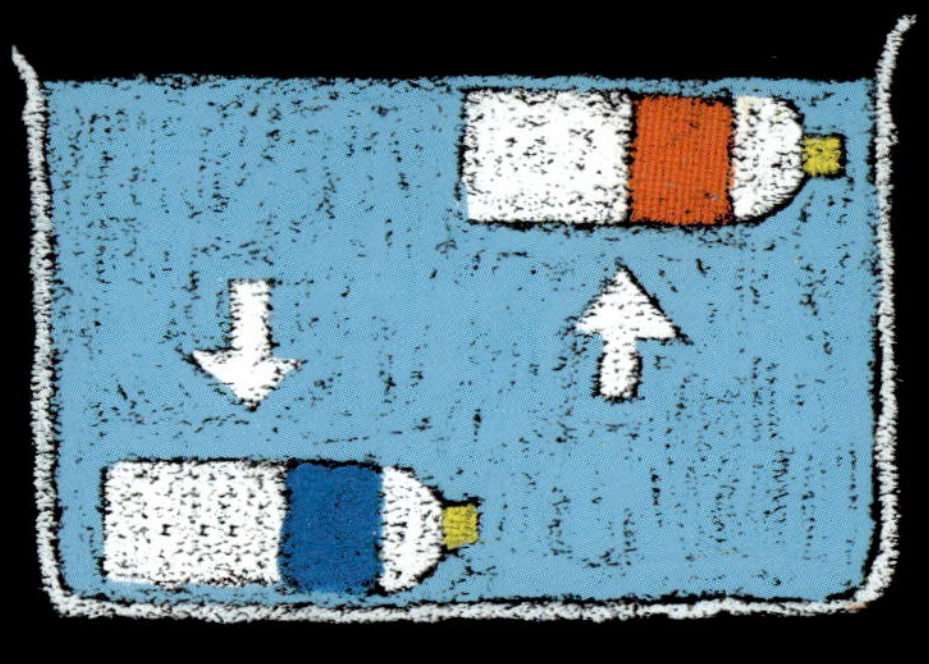

巨大化の謎

深海生物は、長く生きるために巨大化するという説の他に、成体になるのが遅いために大きくなるという説もあります。

深海は食べものが少ないために、なかなか成体になれません。多くの生物は、成体になると成長するスピードが遅くなります。成体になるのが遅いために、成長スピードが弱まらず、大きくなるのではないかというのです。

さらに、栄養をつくることができる特殊な細菌を、体の外や内にすまわせている生物は、効率的に栄養が得られるために大きくなると考えられています。しかし、いずれも仮説です。

深海には、まだたくさんの謎があるのです。

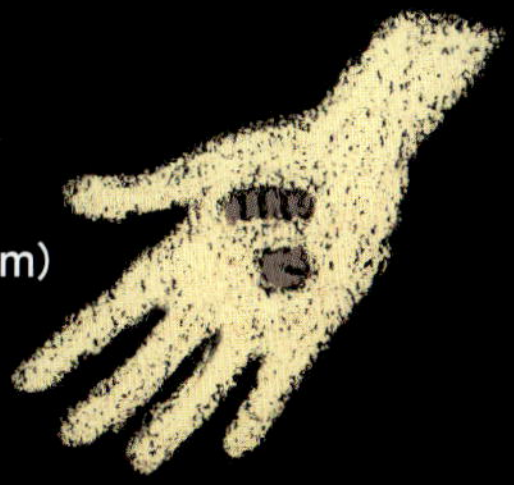

オカダンゴムシ
（全長 1cm
丸くなると５mm）

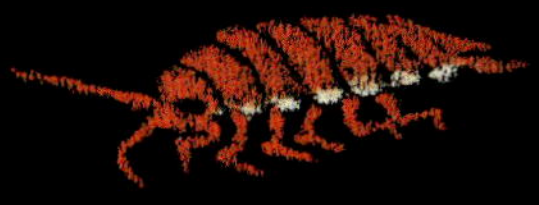

オオグソクムシ（10cm）

ダイオウグソクムシ（40 ～ 50cm）

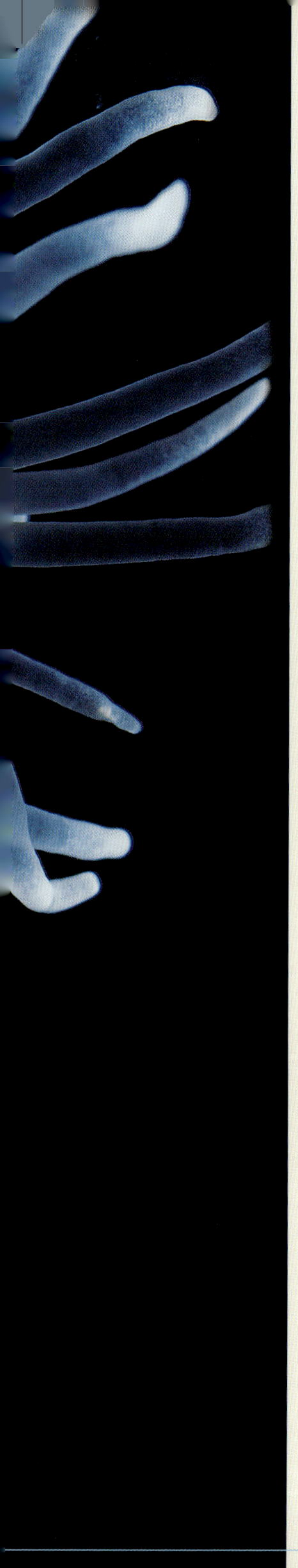

深海で姿を隠す色

深海生物には、「黒」「赤」「透明」のものが多いです。
深海は暗黒に近い世界なので「黒」はうなずけます。
赤は地上では目立つ色ですが、海の中では地味な色。
太陽の光が海に入ると、波長の長い赤い色から失われます。
だから、深い海では赤い生物は黒っぽく見えるのです。
透明は、どんな背景にも溶け込みます。
また、透明なだけでなく、薄べったい体になって、
敵から身を隠しているものもいます。

蛍光を発するイソギンチャクの仲間

Actiniaria sp.

- 全長：2cm
- 採集した場所：鹿児島県野間岬沖
- 採集した水深：217m

紫外線を当てると美しい蛍光を放つ。蛍光物質は、太陽光の中の有害な紫外線から体を守る働きがあり、熱帯には蛍光物質を持つサンゴの仲間が多い。このイソギンチャクも、元は光の届くところにいたものが、次第に深海にすむようになったのではないかと考えられている。

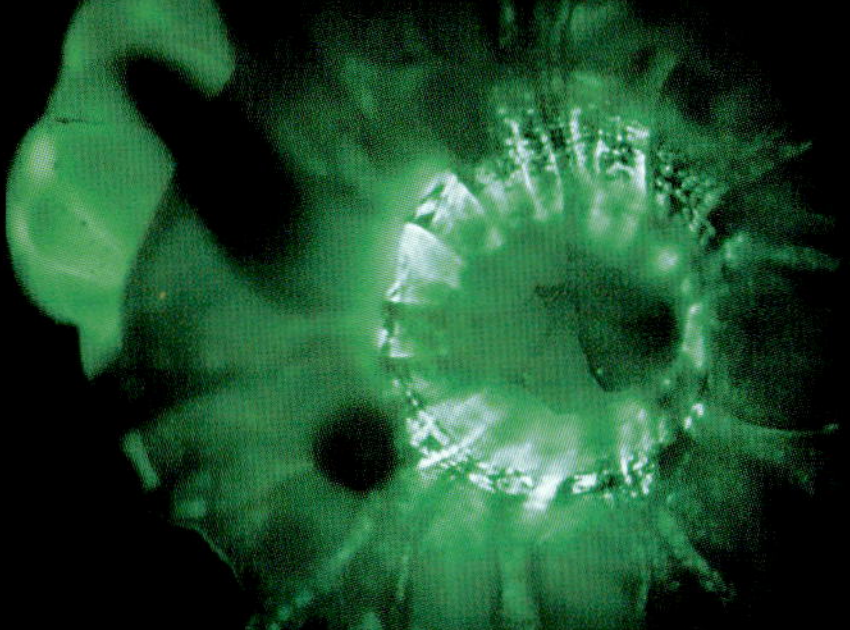

紫外線を当てたところ

タギリカクレエビ

Periclimenes thermohydrophilus

◆ 全長：2cm
◆ 採集した場所：鹿児島湾
◆ 採集した水深：100m

鹿児島湾の「たぎり」と呼ばれる、海底からガスが噴出する場所で発見されたエビ。2001 年に新種として名前がつけられた。サツマハオリムシの“林”の中で暮らしている。

ベニシボリの仲間

Bullina sp.

◆ 全長：25mm
◆ 採集した場所：鹿児島県野間岬沖
◆ 採集した水深：226m

赤い模様のきれいな貝がらから、大きめの軟体部を出して優雅に動くウミウシの仲間。頭に楯のような部分があり，それに隠れるようにつぶらな瞳がならぶ。ベニシボリは紅白の派手な色彩に見えるが、深海では赤は黒っぽく見えるので目立たない。

イソメの仲間

Eunicidae gen. sp.

- 全長：5cm
- 採集した場所：南西諸島海溝
- 採集した水深：275m

ゴカイの仲間。ゴカイの仲間は、たくさんの節がつながった細長い体型をしている。深海にも、虹色が美しいウロコムシや、サシバゴカイ、イトエラゴカイなどたくさんのゴカイの仲間がいる。これは、鮮やかな体色と真っ白な首輪模様が特徴。

ミドリフサアンコウ

Chaunax abei

- 全長：20cm
- 採集した場所：相模湾
- 採集した水深：247m

南日本から東シナ海にかけての、水深 90 ～ 500m にすむアンコウの仲間。赤い体色に黄緑色の丸い模様が鮮やか。頭にはとても小さな疑似餌がついている。

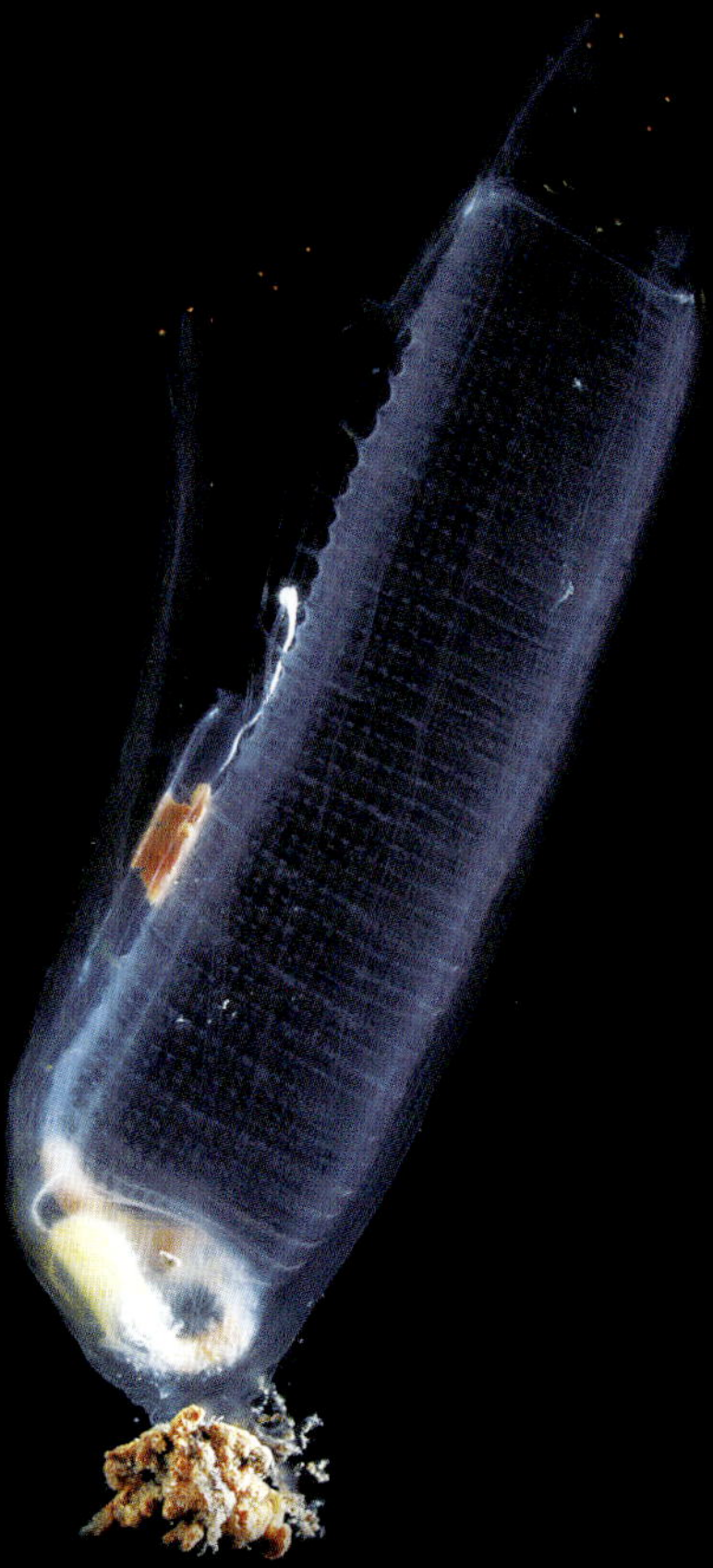

ユウレイボヤの仲間

Ciona sp.

- 全長：6cm
- 採集した場所：鹿児島湾
- 採集した水深：200m

信じられないかもしれないが、ホヤは、脊索動物といって、わたしたち哺乳類や魚と同じ仲間だ。脊索という、背中にあって体を支える器官を一時的にでも持つグループなのだ。わたしたちの脊索は生まれる前に背骨に取って代わられるが、ホヤには泳ぎ回れる幼生のときにだけ脊索があり、背骨はできない。

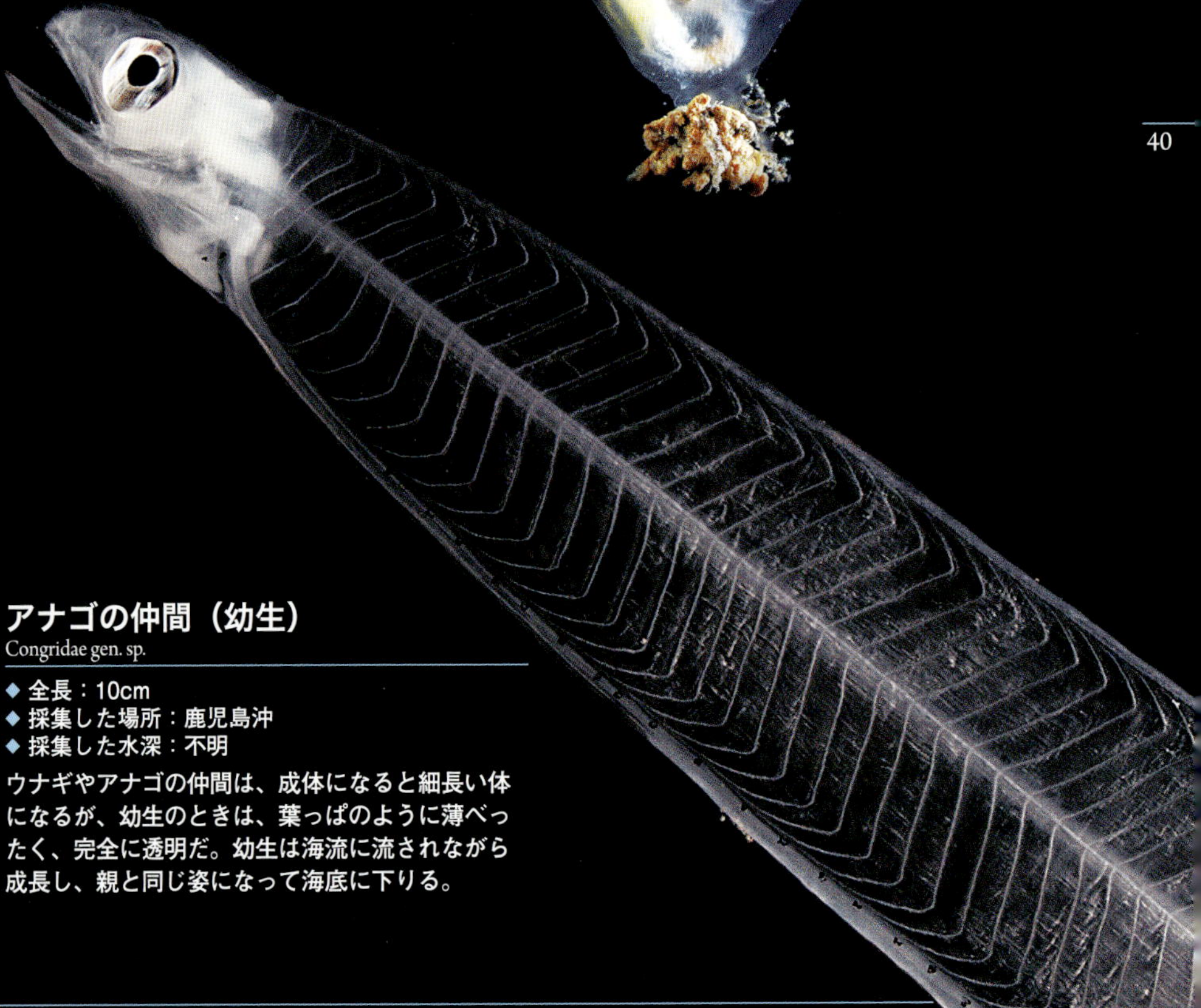

アナゴの仲間（幼生）

Congridae gen. sp.

- 全長：10cm
- 採集した場所：鹿児島沖
- 採集した水深：不明

ウナギやアナゴの仲間は、成体になると細長い体になるが、幼生のときは、葉っぱのように薄べったく、完全に透明だ。幼生は海流に流されながら成長し、親と同じ姿になって海底に下りる。

コシオリエビの仲間

Munida sp.

- 全長：15mm
- 採集した場所：鹿児島県野間岬沖
- 採集した水深：226m

コシオリエビは「エビ」でも「カニ」でもなくヤドカリに近い仲間。深海の中でも比較的浅いところに暮らすコシオリエビには黄色や赤などカラフルなものが多く、もっと深い場所に暮らすものには白いものが多い。

どうして光るのか？

深海には光る生物がたくさんいます。
光るためにはエネルギーが必要なので、
無意味に光ることはないはずです。
光で獲物をおびき寄せるもの、
光で繁殖の相手に自分の存在を知らせるもの、
さらに、隠れるために光るものもいます。
深海では、上を向いて獲物を探す魚が多いので、
海面からの光がわずかに届く海で泳ぐ魚は、
体の影で見つかってしまいます。
そのため、腹部に上からの光と
同じくらいの弱い光を発し、
自分の影を消すのです。
カウンターイルミネーションと
呼ばれています。

オニアンコウの仲間

Linophryne sp.

- 全長：20cm
- 採集した場所：相模湾
- 採集した水深：不明

チョウチンアンコウの仲間。口の上に光る疑似餌をぶら下げて獲物をおびき寄せる。疑似餌の発光は細菌の働きによるもの。おびき寄せられた獲物を大きな口でひと飲みにする。しかし、これはすべてメスの話。オスはとても小さくて、メスに出会うとその体にかみつき、やがて血管もつながり、そこから栄養をもらって生きるようになると、二度と離れることはない。

ヨコエソ

Sigmops gracilis

- 全長：7.5cm
- 採集した場所：岩手県大槌沖
- 採集した水深：470m

この個体は全長で7.5cmと小さめだが、ヨコエソは大きなものでも15cmほどにしかならない小型の魚。日本近海もふくむ北太平洋の水深100～500mに生息する。体の側面や腹部にたくさんの発光器があって弱く光る。こうして、上からの光によってできる自分の影を消していると考えられている。写真の個体は、「ハイパードルフィン」のスラープガンで採集された。採集直後に撮影したので、全身の金属光沢が美しい。

サメハダホウズキイカの仲間（幼生）

Cranchia sp.

- 全長：30mm
- 採集した場所：鹿児島沖
- 採集した水深：不明

表面がサメの肌のようにざらざらしていて、驚いたりすると全身が丸く膨らむことから、その名がついた。体は透明で、敵から見つかりにくい。ただ、眼は透明にすることができないので、眼の下に発光器があり、光らせて眼の影を消し、隠せるようになっている。

コウモリダコ

Vampyroteuthis infernalis

- 全長：20cm
- 採集した場所：伊豆・小笠原海域須美寿海山
- 採集した水深：884m

「地獄の吸血イカ」を意味する学名がつけられているが性質はおとなしく、敵に出会うと腕と腕の間の膜を裏返して体を包む。「コウモリダコ」「吸血イカ」と呼ばれるがタコでもイカでもなく、それらの共通する祖先。「生きている化石」のひとつで、酸素濃度の低い場所に暮らす。ヒレのつけ根と腕の先端に発光器があり、敵から逃れるときに利用すると考えられている。

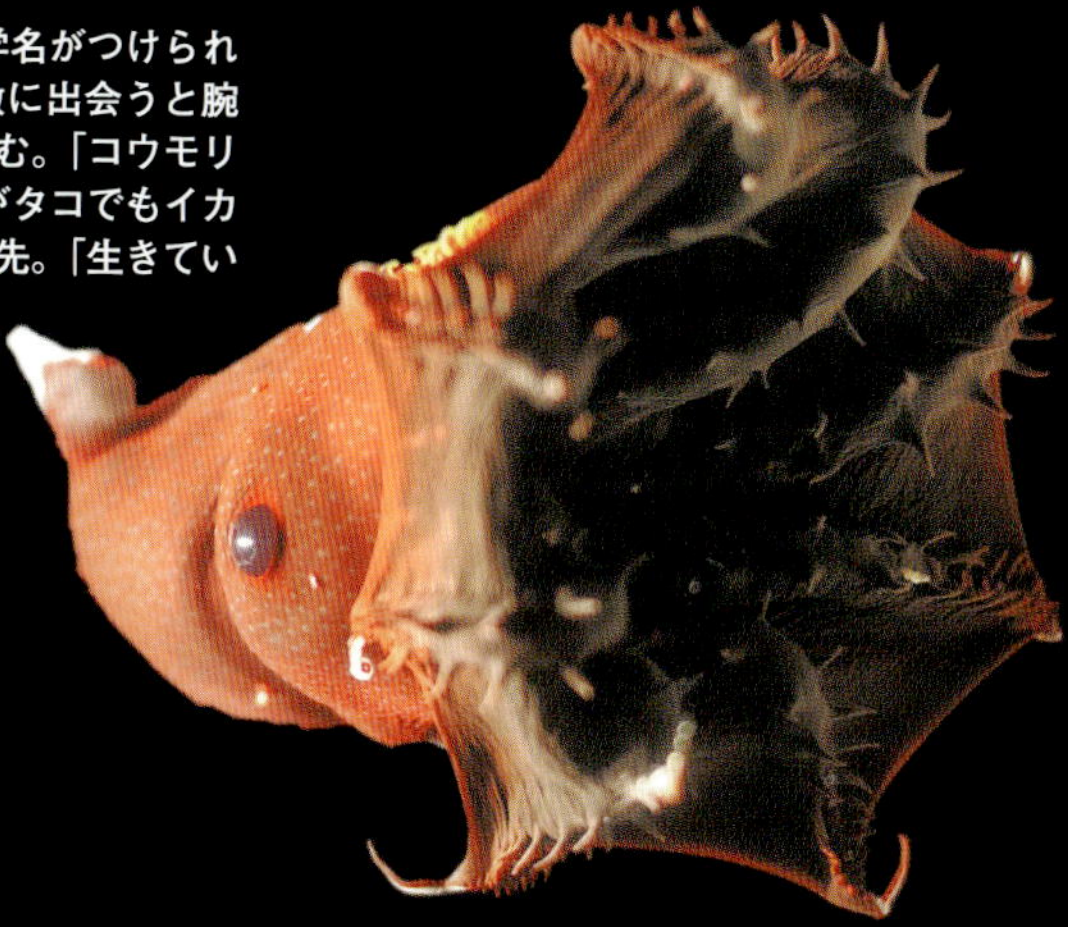

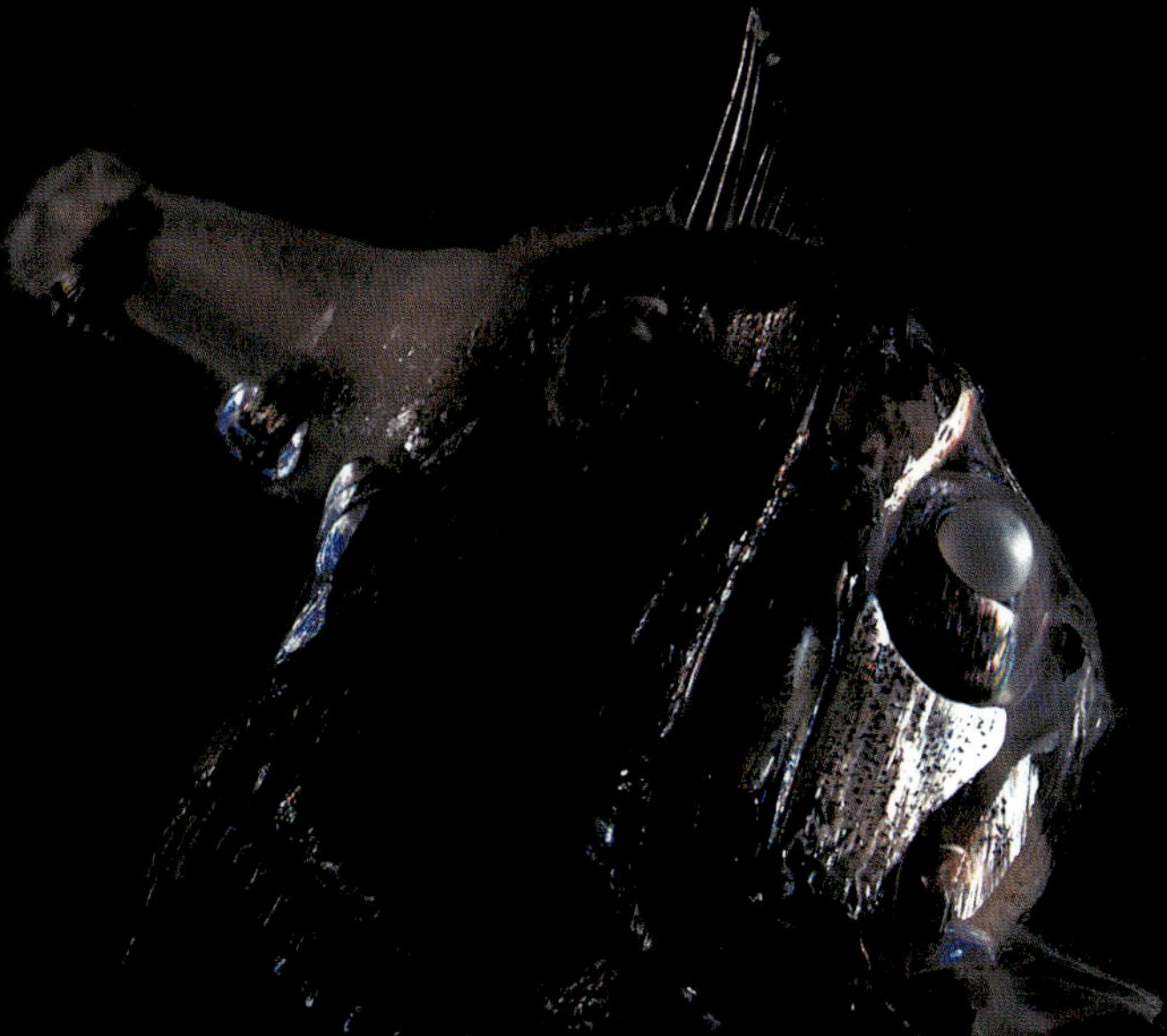

ムネエソの仲間

Sternoptyx sp.

- 全長：35mm
- 採集した場所：鹿児島沖
- 採集した水深：不明

左右から押しつぶされたような形の、薄べったく小さい魚で中層（水深200〜1000m）に浮かんで暮らす。腹部にたくさんの発光器があり、それをうっすら発光させることで、下から襲いかかる敵に自分の影を見えにくくしていると考えられている。

光る生物を見てみよう

深海だけでなく、海には光る生物がいます。ウミホタルは、海の小さな発光生物です。実際に光るところを見てみましょう。

感じる実験

発光生物を見る実験

1 ペットボトルの上のほうに、5mmくらいの穴をたくさん空け、中に、おもりにする小石と、エサになるソーセージや魚を入れる。

2 フタをしてひもをつけ、夜、港の岸壁などから砂地の海底に下ろす。

3 1時間ほどしたら引き上げて、ペットボトルを振ると、光るウミホタルが見られる。

音で「見る」!?

海の中では光はとても届きにくくなります。そのため、深海では、有人潜水調査船の強いライトで照らしても、光が届くのは、ほんの10メートルほど。周りを見るためには光が必要ですが、海の中では音も周りの様子を知る手がかりになります。

クジラは遠くにいる仲間と、音でコミュニケーションを取っているといわれています。有人潜水調査船でも、音波によって周りの様子を「見る」ことができます。

音を発してはね返ってくる音をキャッチして画像にすることで、周りの地形や固さなどを知るのです。

深海では、様々な「目」で海底を見ているのです。

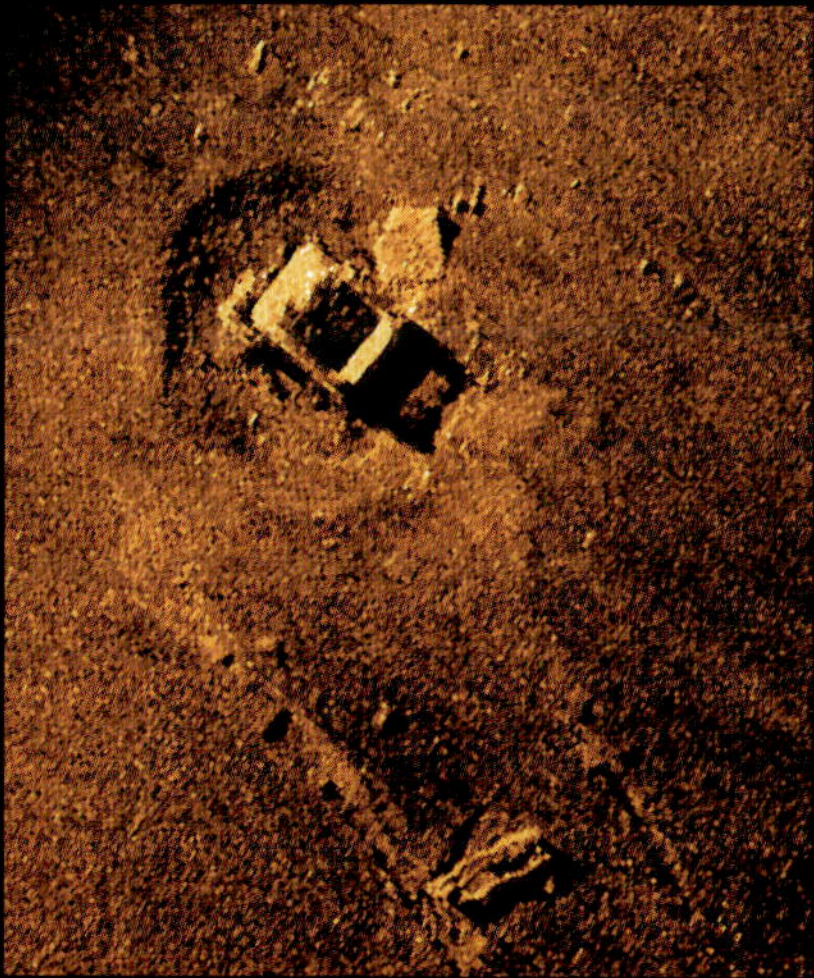

岩手県釜石市の唐《とう》丹《に》湾《わん》を超音波で調べた画像。東日本大震災の津波で沈んだ堤防の一部も、くっきり現れている。

Q：水中で音が伝わる速さはどのくらい？

A：空気中で音が伝わる速さは1秒間に約340m。それに対し、水中ではその4倍以上、1秒間に約1500mも伝わります。さらに、水中では音が弱まりにくく、とても遠くまで届くのです。

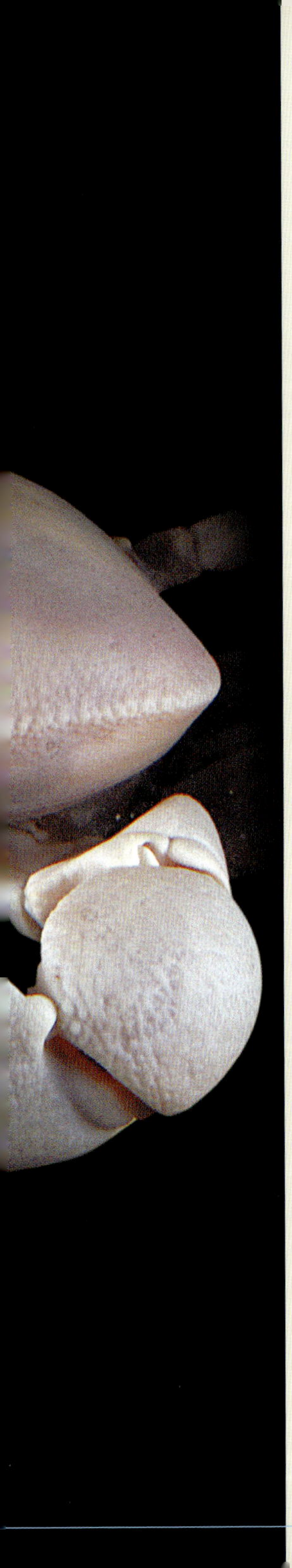

海底の温泉客たち

１９７７年、人々に衝撃を与える事実が発見されました。
生命に関する常識が、根底から覆されたのです。
それまで、太陽が生命の源でした。
太陽の光で植物が栄養をつくり、それを食べて動物が生きられる。
太陽光なしでは生命は存在しないと思われていました。
ところが、深海には、栄養を太陽に依存しない生物がいたのです。
それも、硫化水素という、人間にとっては
有毒な物質をふくむ熱水が噴き出す場所。
その有毒物質こそ、彼らの生命の源だったのです。

ユノハナガニ

Gandalfus yunohana

◆ 甲らの幅：6cm
◆ 採集した場所：北マリアナ諸島海域日光海山
◆ 採集した水深：450m

海底温泉の常連客。ユノハナガニの仲間は世界に 14 種いるが、すべて熱水噴出域にすむ。眼は退化していて表面からはほとんど見えない。熱水の周りで、細菌や小型の生物、動物の死がいなどを食べている。普通の水槽で飼育することができ、水槽内で脱皮して成長したり、卵を抱いたりする姿も観察されている。

イトエラゴカイの仲間

Paralvinella sp.

- 全長：5cm
- 採集した場所：沖縄トラフ
- 採集した水深：981m

熱水噴出孔の煙突の周りに、綿ぼこりを集めたような巣をつくり、その中にすんでいる。熱水の周りにすむ細菌や小さな生物を食べていると考えられている。とても高い温度の中に暮らす生きもので、この仲間には80℃でも生きられる種類もある。なぜそのような高温に耐えられるか、研究が進められている。

スザクゲンゲ

Ericandersonia sagamia

- 全長：12cm
- 採集した場所：相模湾初島沖
- 採集した水深：925m

ゲンゲの仲間は200種類以上がいるが、細長い体に丸い顔をしているものが多い。スザクゲンゲは、2006年に名前がつけられた新種で、海底温泉やクジラの死がい周辺に暮らす。

カイレイツノナシオハラエビ

Rimicaris kairei

- 全長：3cm
- 採集した場所：インド洋ロドリゲス三重点
- 採集した水深：2422m

熱水噴出孔近くに暮らすエビで、甲らの内側にすまわせた共生細菌を食べて生きる。眼は退化している。背中の白く見えるところは眼から生まれた高温がわかるセンサー。共生細菌にエネルギーを与えるためには高温で危険な熱水に近づかなければならないので、このような特殊なセンサーが発達した。

Q：熱水噴出孔近くの生きものは、なぜゆだらない？

A：熱水噴出孔の近くにはたくさんの生きものがいます。噴き出す熱水の温度は 300℃を超えることもあります。そんな高温では普通、生物は生きられません。でも、深海では水が冷たいので、少し離れると数℃～ 30℃くらいになり、熱水に近づき過ぎなければゆだることはないのです。

熱水噴出孔のしくみ

冷たい深海底から噴き出す熱水。それは、海底の岩の割れ目などから浸み込んだ海水が、地下深くのマグマによって熱せられて、海底から噴き出したものです。

地球は、10枚ほどの大きなプレートに覆われ、プレートは海底や陸地と一緒に絶えず動いています。プレートがぶつかったり離れたりする場所には、たくさんの熱水噴出孔が生まれます。噴き出す成分や温度の違いにより、黒いもの、白いもの、透明なものがあります。

噴き出している熱水には、重金属などが多くふくまれているため、噴出孔の周りには、それらが固まって「チムニー」と呼ばれる煙突ができます。チムニーは、大きなものでは、高さが20メートル以上にもなります。

熱水噴出孔
人にとっては有毒な物質をふくむ熱水が噴き出しているが、その周りに、とてもたくさんの生物が発見されて、人々を驚かせた。研究が進むにつれ、それらの生物たちの不思議な生態も明らかになってきた。左の写真では噴出孔の周りにカイレイツノナシオハラエビが集まっている。

深海底で お湯が噴き出すわけ

冷たい水の中で、熱いお湯は上に上がります。
そのことがわかる実験をしてみましょう。

感じる実験

お湯の噴出を見る実験

1 卵のからに画鋲などで、1cm ほどの穴を空け、竹ぐしなどで中の黄身をくずし、中身を出して中をざっと洗う。

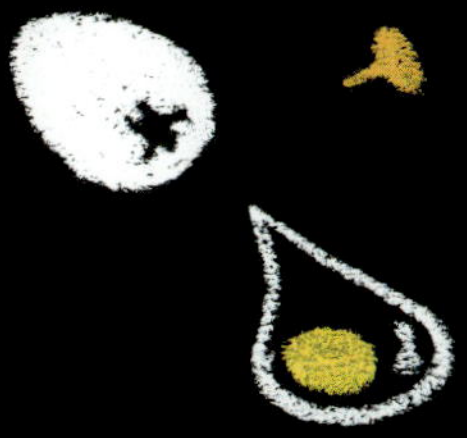

2 なべにお湯を沸かし、カレー粉や食紅などで色をつけ、卵のからをなべに入れて、からの中に色のついたお湯を入れる。

3 トングなどで卵をつかみ、お湯がこぼれないようにして、水の入った透明なボウルなどの中に入れると、熱いお湯が上に上がるのが見える。

細菌と一緒に生きる

太陽の光に栄養を依存しない生物は、特別な細菌と生きています。
その細菌は、植物が太陽の光を受けて光合成するように、
無機物から有機物をつくり出せる細菌です。
植物が光合成するときは太陽光のエネルギーを使いますが、
その細菌が使うのは、硫化水素などが酸素と反応するときに生まれるエネルギー。
そのエネルギーを使って二酸化炭素と水から糖などを合成しています。
このような細菌を化学合成細菌と呼んでいます。
熱水噴出孔には、そんな細菌と一緒に生きる、
いわゆる共生する生物がたくさんいるのです。

ゴエモンコシオリエビ

Shinkaia crosnieri

- 甲らの長さ：3cm
- 採集した場所：沖縄トラフ
- 採集した水深：980m

沖縄トラフの熱水噴出孔の周辺に、海底を埋めつくすほどたくさん群れていた。腹に、びっしりと毛が生えている。ときどき、その毛をクシでなでるような仕草をする。彼らは、そこに化学合成細菌を飼っていて、それを食べて生きているのだ。

カイコウオトヒメハマグリ

Isorropodon kaikoae

- からの長さ：2cm
- 採集した場所：相模湾
- 採集した水深：917m

小型のシロウリガイの仲間。このグループは海底温泉の周りに大量に生息している。エラの細胞の中に化学合成細菌を共生させ、その細菌を利用して生きている。何も食べないので、消化器官はかなり退化している。赤く見えるのは体の中を流れる血の色。体内に酸素と硫化水素などを運んでいるのだ。

シンカイヒバリガイ

Bathymodiolus japonicus

- からの長さ：10cm
- 採集した場所：相模湾
- 採集した水深：905m

パエリアやブイヤベースに入っているムール貝と同じイガイの仲間。熱水噴出孔の周りなどにいて、エラの細胞の中に化学合成細菌を共生させている。ムール貝はプランクトンなどをろ過して食べるが、シンカイヒバリガイは、栄養のほとんどを化学合成細菌に頼っているので、消化器官はやや退化している。

ヨモツヘグイニナ

Ifremeria nautilei

- からの高さ：9cm
- 採集した場所：マヌス海盆《かいぼん》
- 採集した水深：1683m

南太平洋の熱水噴出孔周辺にすむ。エラの細胞の中に化学合成細菌を共生させている。足の裏に、子どもを保育する小さな穴がある。「よもつへぐい」とは、黄泉《よみ》の国の釜でつくったものを食べるという意味。「にな」は巻き貝のこと。

サツマハオリムシの仲間

Lamellibrachia sp.

- 管の太さ：1cm、長さ：50cm
- 採集した場所：相模湾
- 採集した水深：1146m

ハオリムシの仲間は、1977 年に発見された熱水噴出孔にもたくさん生息していた。最初はまったく未知の動物ではないかと考えられたが、その後の研究でゴカイの仲間だとわかった。動物なのに口も消化管も持たない。その代わり、化学合成細菌を栄養体と呼ばれる特別な器官の中に共生させ、細菌がつくる栄養をもらって生きている。

Q：口がない深海生物はフンをするか？

A：化学合成細菌を体内に共生させているハオリムシの仲間には、口も胃も肛門もありません。体の中にいる細菌に硫化水素と二酸化炭素と酸素を届ければ細菌が栄養をつくってくれるので、食べたりフンをしたりする必要がないのです。

化学合成細菌は「生産者」？

地上では、植物が「生産者」と呼ばれています。太陽光のエネルギーを使って、生物にとって栄養にならない二酸化炭素や水から、栄養になる葉や実の中にふくまれる糖やデンプンという有機物を自分でつくります。

海でも、太陽光の届くところでは、植物プランクトンや海藻などが光合成をして、生産者として栄養をつくり、動物プランクトンや魚などの生物のエサになっています。

太陽光の届かない深海には、化学合成細菌という生産者がいます。硫化水素などが、酸素と反応するときのエネルギーを使って、生物にとって栄養になる有機物をつくり、その細菌を食べるゴエモンコシオリエビや、細菌を体内に共生させているハオリムシなどの命を、支えているのです。

光合成：植物が生産者
太陽光のエネルギーを使って、植物や、植物プランクトンが栄養をつくる。

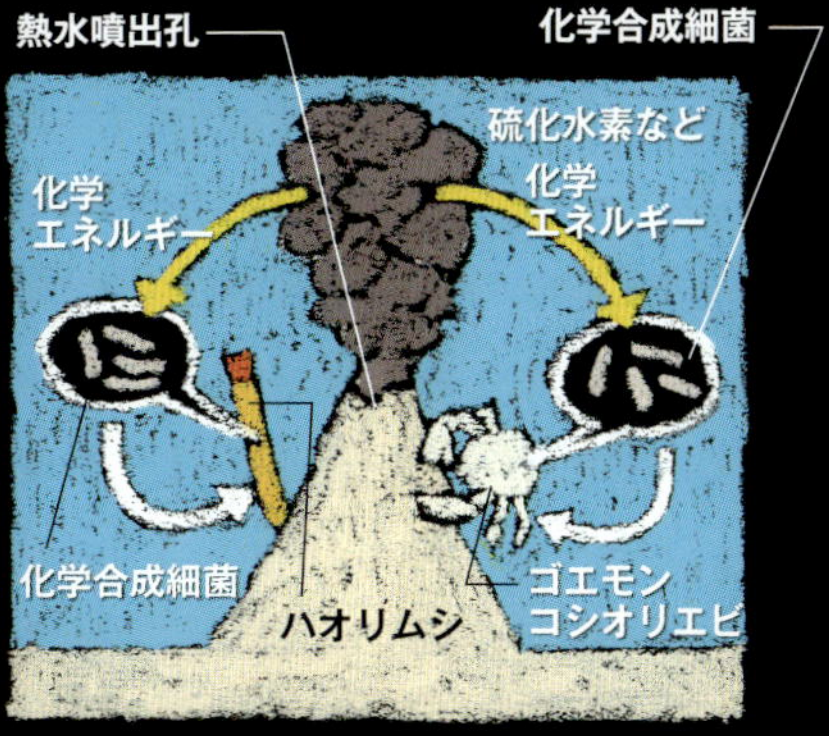

化学合成：化学合成細菌が生産者
硫化水素などが酸素と反応するときのエネルギーを使って、化学合成細菌が栄養をつくる。

死んだクジラが育む命

熱水噴出孔にたくさんの生物が発見されてから10年後の１９８７年、今度は、深海底に沈んだクジラの骨に、たくさんの生物が群がっているのが発見されました。

クジラの骨はタンパク質や脂質を多くふくんでいるので、腐って、とても臭い匂いがしました。

熱水噴出孔から噴き出す熱水にふくまれているのと同じ、硫化水素の匂いです。

そして、そこには誰も知らなかった生物がいたのです。

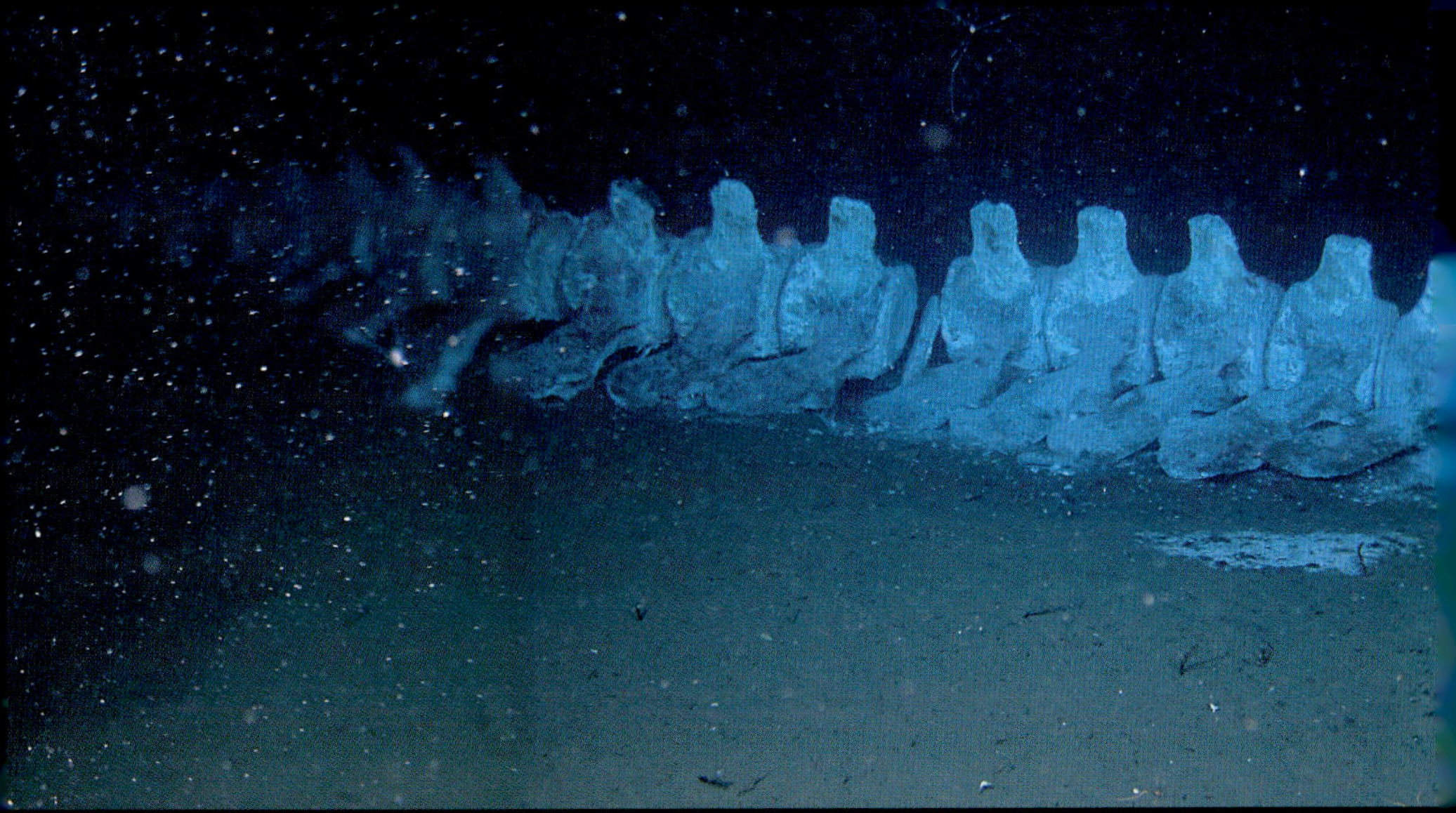

マッコウクジラの死がい

Physeter macrocephalus

- 体長：11m
- 撮影した場所：相模湾
- 撮影した水深：925m

沈めてから約１年たったクジラの死がい。肉はほとんどなくなり、骨だけになっている。表面にはホネクイハナムシの仲間がついている。周りには、いろいろな生物が集まってくる。

マッコウクジラの歯（実物大）

ゾウなどのキバを除くと、動物の歯の中で最大。大きいものは、長さ20cm、重さ1.7kgにもなる。歯が見えるのは、通常下あごだけ。左右に合計40～50本ほどの円錐状の歯がならんでいる。マッコウクジラがダイオウイカを襲う姿がよく描かれるが、その様子はこれまでに一度も観察されたことがない。

Q：クジラの死がいは爆発する !?

A：クジラの死がいは、放っておくと腐り、体の中にガスが溜まって膨らみ、爆発してしまうことがあります。また、膨らんでしまうと風船のようになって沈みにくくなります。そのため、死がいが打ち上げられたら、なるべく早く砂浜に埋めるか、沖に曳いて行って沈める必要があるのです。

クジラの骨でも化学合成!?

クジラの骨の周りで発見された生物を調べた結果、熱水噴出孔の近くにいた生物と、よく似た特徴を持つ生物がいることがわかりました。

腐ったクジラの骨からは、熱水噴出孔と同様に硫化水素が発生するので、化学合成細菌が繁殖し、その細菌と共生する生物が生まれていたのです。

この発見をさらにくわしく調べるため、死んで打ち上げられたクジラを海に沈める研究が始まりました。クジラを船で沖まで曳いて行き、おもりをつけて沈め、観察を続けました。

その結果、クジラが死んで海底に沈み、骨になるまでの間に、様々な生物が、その死がいを利用して生きていること、またクジラの骨の周りでしか発見されない生物がたくさんいることがわかりました。

死んだクジラは、深海の底で、多くの命を育んでいたのです。

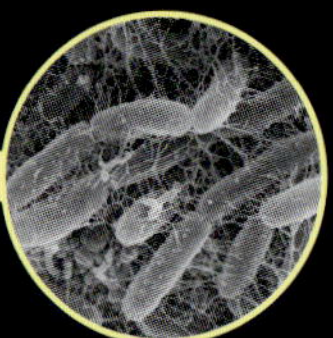

化学合成細菌を電子顕微鏡で見た画像。細長いものが細菌だ。

◀クジラの骨に化学合成細菌がたくさん繁殖して、綿で覆われているような状態。バクテリアマットという。

クジラを沖まで運んでいるところ
クジラを沖まで運ぶときは、船にしばりつけて運ぶ。沈めるときは、浮かんで来ないように、大きなコンクリートブロックなどをおもりにする。

クジラを食べるやつらがやって来た！

生物の少ない深海では、クジラの死がいは大変なご馳走。
たくさんの生物が集まります。クジラが海底に沈むと、
まず、その肉を食べるムラサキヌタウナギなどの生物がやって来ます。
次に、骨に集まるのは、その名もホネクイハナムシ。
彼らは、骨の中に体を半分埋め込み、骨の中の栄養分を吸収して生きています。
さらに、骨から硫化水素などが発生すると、
エラの中に化学合成細菌を共生させているヒラノマクラなどがやって来ます。
こうして、地球最大の動物であるクジラは、深海で、骨まで食べられてしまうのです。

ホネクイハナムシの仲間

Osedax spp.

- 全長：3cm
- 採集した場所：相模湾
- 採集した水深：923m

2004 年に発見されたばかりのゴカイの仲間。クジラの骨に " 根 " を埋め、骨にふくまれる栄養を吸収する。赤いエラを出しているので、骨が赤い絨毯に覆われたように見えることがある。これはすべてメス。オスは小さく、顕微鏡がないとよく見えないほど。メスの体にくっついて暮らしている。

ホネクイハナムシを
クジラの骨から掘り出したもの

コンゴウアナゴ
Simenchelys parasitica

- 全長：15cm
- 採集した場所：相模湾
- 採集した水深：491m

細長い体をしている。水深 300 〜 2700m という深海にすむウナギの仲間。眼と口がとても小さい。弱ったり死んだりした魚などを食べると考えられている。クジラの死がいを沈めると、大群で集まり肉を食べる様子が観察された。

ムンナの仲間
Munna sp.

- 全長：1cm
- 採集した場所：相模湾
- 採集した水深：923m

ダンゴムシやダイオウグソクムシなどと同じ仲間。クジラの骨の周りを覆うバクテリアマットなどを食べる。大きなツメがあるのはオス。オスは、メスに出会うと、このツメでしっかり捕まえる。

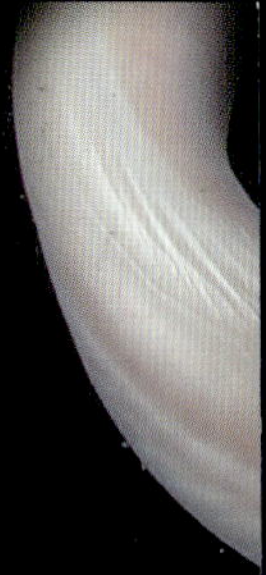

ヒラノマクラ
Adipicola pacifica

- からの長さ：2cm
- 採集した場所：鹿児島県野間岬沖
- 採集した水深：245m

海底に沈んだクジラの骨だけに暮らすことが知られているイガイの仲間。エラに共生させた化学合成細菌などを、エラの細胞の中で消化して栄養にする。

エゾイバラガニ
Paralomis multispina

- 甲らの幅：20cm
- 採集した場所：相模湾
- 採集した水深：900m

水深600～1600mの深海にすむヤドカリの仲間。普通の深海にもいるが、海底温泉やクジラの死がいの周りなどにも集まる。海底温泉に暮らすシロウリガイを食べる様子や、クジラの腐った肉に多数群れている姿も観察されている。

Q：クジラの骨の周りはオアシスになる？

A：クジラの骨を隠れ家として利用する生物もいます。クジラが沈むと同時に居着いたカサゴの仲間は調査のたびに大きくなっていきました。小さかったアラも、今では１メートルを超え、クロアナゴの仲間やナヌカザメ、ウツボの仲間などたくさんの大型の肉食魚が集まっていました。このように、海底に沈んだクジラは深海のオアシスとして多くの生物を養うのです。

カグラザメ

Hexanchus griseus

- 全長：3m
- 撮影した場所：西之島南海丘
- 撮影した水深：536m

クジラの骨を沈めて観察した結果、筋肉や脂などの軟らかい部分は、短期間でなくなることがわかった。沈めてから２週間で半分がなくなり、２か月後にはほぼ骨だけになった。それを食べたのは、カグラザメやコンゴウアナゴ、タカアシガニやオオグソクムシなどだった。写真は、ベイトカメラ（誘引するエサをつけたカメラ）に、カグラザメがやって来たところ。

アブラキヌタレガイ

Solemya pervernicosa

- からの長さ：3cm
- 採集した場所：相模湾
- 採集した水深：1158m

水深 100 ～ 1500m の深海底の泥の中にすむ。貝がらの中の軟体部分はほとんどエラと足で、エラには化学合成細菌を共生させている。消化器官は退化している。原始的な二枚貝だ。

ムラサキヌタウナギ

Eptatretus okinoseanus

◆ 全長：40cm
◆ 採集した場所：相模湾
◆ 採集した水深：925m

背骨のある動物、脊椎動物の中で、最も原始的な生物の一種。背骨はあるが、まだアゴはない。大きな穴は鼻の穴。その下にアゴのない口があり、ノコギリのような歯《し》舌《ぜつ》で死んだ魚やクジラなどの肉を食べる。眼は退化して皮膚に埋まっている。敵に襲われると大量の粘液を出し、それを吸い込んだ相手を窒息させ、身を守る。

イタチザメ

Galeocerdo cuvier

◆ 全長：4m
◆ 撮影した場所：南西諸島海溝
◆ 撮影した水深：495m

大きいものは7mを超える大型の肉食ザメ。世界中の熱帯〜温帯の海にすむ。人食いザメとしても恐れられている。何にでも食いつき、胃の中からは、アザラシや鳥などのほか、車のナンバープレートやタイヤなどが見つかることもある。普段は海面近くにいるが、深海底に沈んだクジラの肉や骨を食べることもある。写真は、クジラの骨を食べているところ。

クジラの死がいが骨になるまで

腐肉食期：数か月〜数年間

最初に肉を食べに来るのは、エゾイバラガニやムラサキヌタウナギ、オオグソクムシや大きなサメなど。真っ暗な深海で、彼らは匂いをたよりに集まる。ムラサキヌタウナギなどは、眼は皮膚の奥に埋もれて見えないが、嗅覚がとても鋭いのだ。

骨侵食期：数か月〜数年間

様々な生物に食べられて残ったクジラの骨にはタンパク質や脂質が多くふくまれているので、それを吸収するホネクイハナムシなどが、骨の周りを絨毯のように覆う。エゾイバラガニは、腐肉食期の食べ残しにも集まる。

化学合成期：数十年〜約 100 年

さらに、腐って硫化水素などが発生するようになると、化学合成細菌を共生させるヒラノマクラやアブラキヌタレガイ、ハオリムシやシロウリガイの仲間などがその硫化水素を利用して暮らすようになる。

魚はどうやって食べものを探す?

魚たちは、眼で見るだけでなく、様々な方法で食べものを探します。魚の体をよく見てみましょう。

魚の感覚器官を観察する

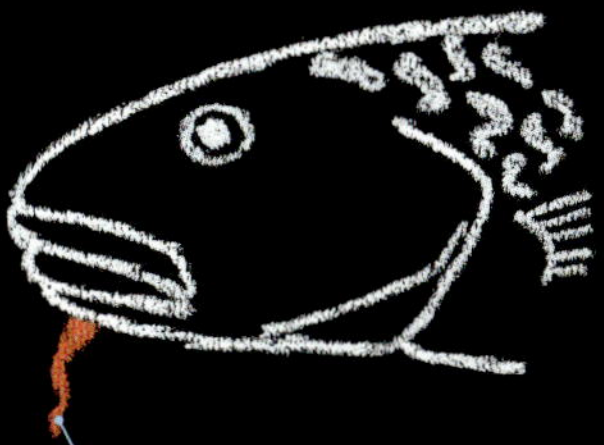

マダラには口の下にヒゲがあり、ここで味を感じることができる。

マダイは嗅覚がすぐれている。鼻孔は左右に前後2つずつあり、前鼻孔から入った水が後鼻孔から出て匂いを感じる。ただし、養殖のものは前後がつながり1つのように見えるものが多い。

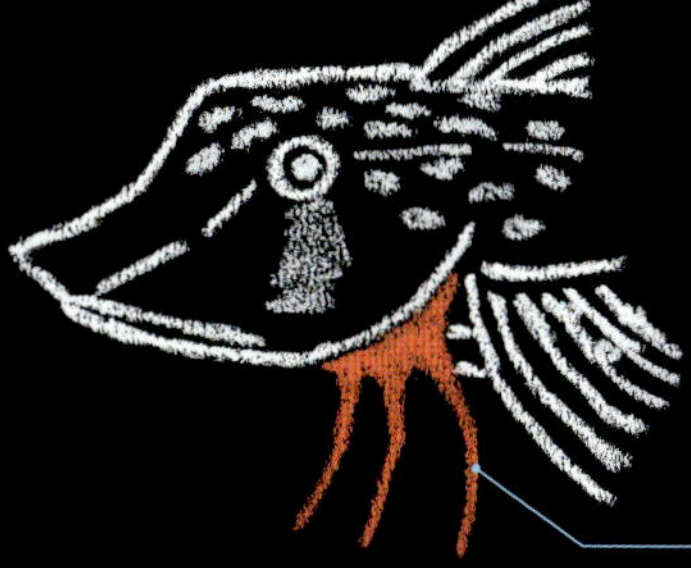

ホウボウは胸ビレの先で味を感じることができる。この胸ビレで海底の獲物を探しながら泳ぐ。

クジラの骨から生命の進化の秘密が!?

２００３年、鹿児島県野間岬沖の海底で、新種の生物が発見されました。
ゲイコツナメクジウオ。漢字で書くと「鯨骨蛞蝓魚」。
ウオといっても魚ではなく、頭索動物という、
わたしたち脊椎動物の祖先形のような生物。
さらに、彼らは、細胞の中の遺伝子を調べた結果、
ナメクジウオの中でも、最も古いタイプのうちの
ひとつだとわかったのです。
ナメクジウオは、通常、
水のきれいな浅いところにしかすまないのに、
クジラの骨の下という硫化水素やメタンなどが発生する
とてもすみにくそうな深海底で、
わたしたちの祖先形ともいえる
生物が発見されたことは、生物の進化を考える上でも、
とても興味深い発見だったのです。

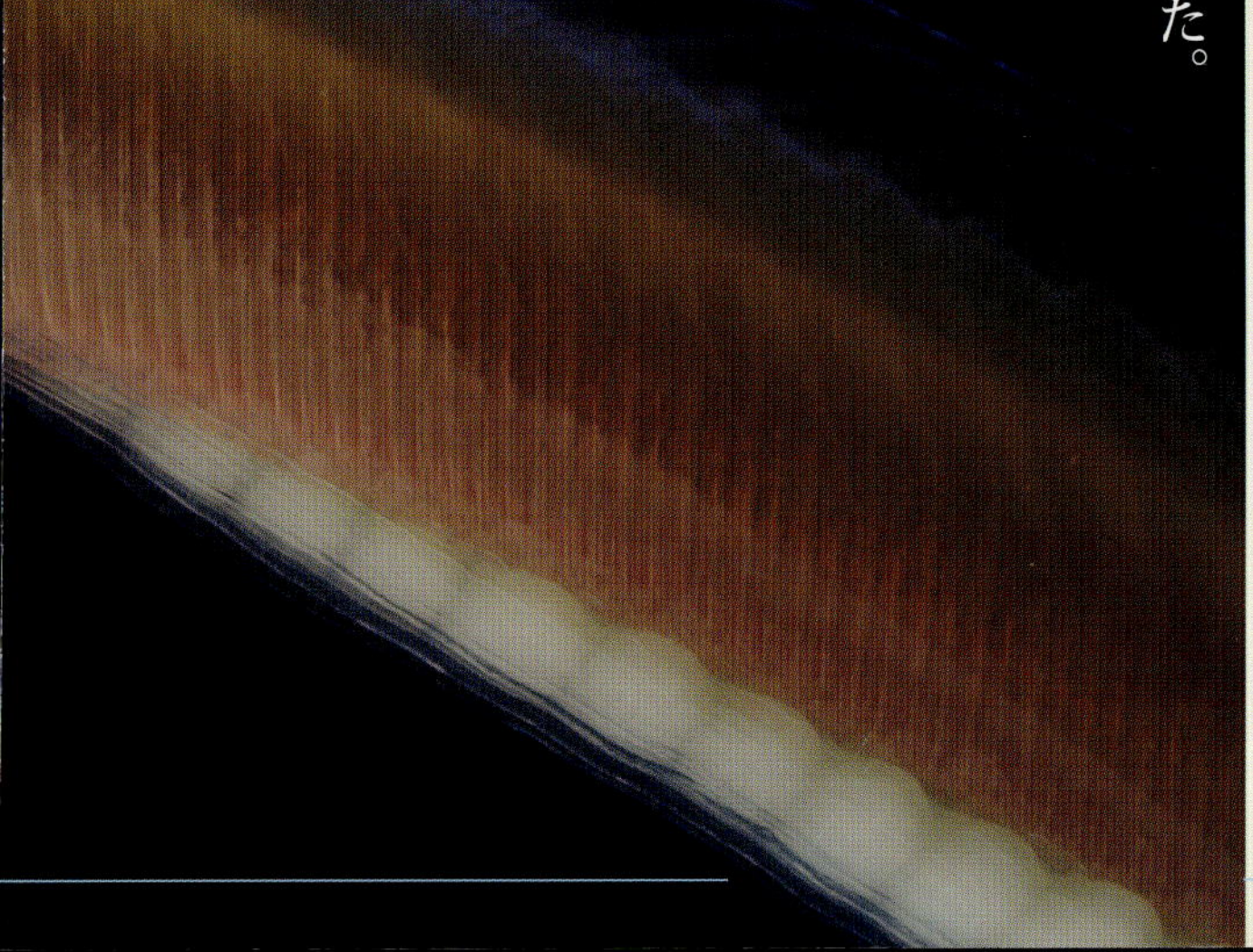

サメハダホシムシの仲間

Phascolosomatidae gen. sp.

- 全長：6cm
- 採集した場所：鹿児島県野間岬沖
- 採集した水深：245m

口の周りの触手が星のように広がることから「星虫」という名がついた。普段の長さは6cmほどだが、のびると20cmにもなる。口をふくむ部分が体の中にしまえるようになっていて、のばすこともできるのだ。このホシムシは深海に沈んだクジラの骨の周りから発見された。写真は、何匹ものホシムシがのびて、からまっているところ。

ゲイコツナメクジウオ

Asymmetron inferum

- 全長：15mm
- 採集した場所：鹿児島県野間岬沖
- 採集した水深：227m

ナメクジウオは、通常、温暖な浅瀬の水のきれいなところにすみ、水中のプランクトンなどを濾し取って食べる。ところがゲイコツナメクジウオは、冷たい深海の、腐ったクジラの骨の下にすんでいる。なぜこのナメクジウオだけがこのようなところにすめるのか、研究が進められている。

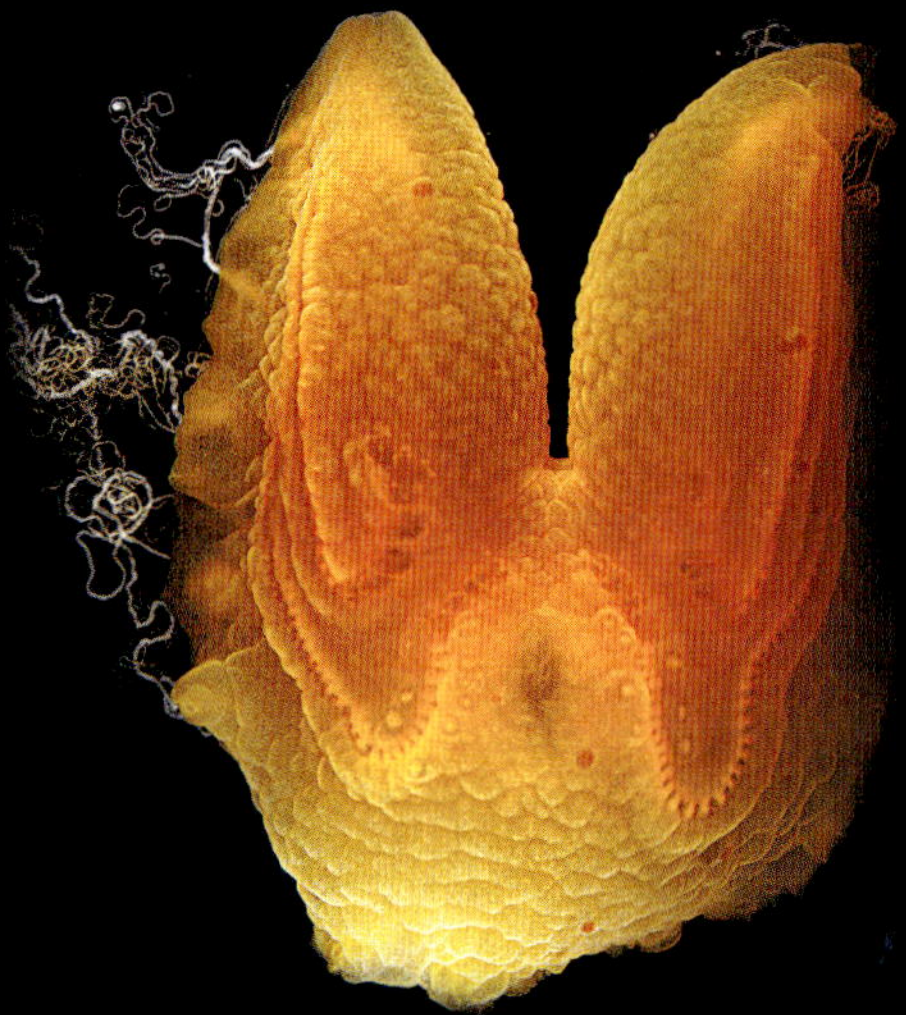

コトクラゲ

Lyrocteis imperatoris

- 高さ：10cm
- 採集した場所：鹿児島県野間岬沖
- 採集した水深：225m

クジラの死がいを沈めた近くでたくさん発見され、その不思議な姿で研究者を驚かせたが、クシクラゲの一種ということがわかった。耳のように見える“腕”から触手をのばし、小さな獲物をからめ取る。クジラの骨の周りから多く発見されたが、一般的な深海底にも暮らしている。

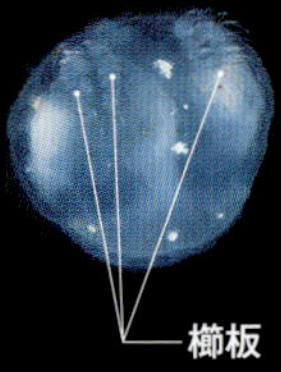

コトクラゲの幼生。成体にはクシクラゲの特徴である“櫛板《しつばん》”が退化しているが、幼生には、はっきりと櫛板がある。

ウミクワガタの仲間（オス）

Gnathia sp.

- 全長：3mm
- 採集した場所：鹿児島県野間岬沖
- 採集した水深：226m

クワガタという名がついているが、昆虫ではなくエビやカニの仲間。幼生のうちは、魚に寄生して血を吸いながら成長し、成体になると何も食べない。写真の個体は、クジラの骨の上で発見された新種のウミクワガタ。クジラの骨のデコボコは、成体のよい隠れ家になり、また幼生はクジラの骨にすむためにやってきた魚の血を吸う。

ウミクワガタの仲間のメス。全長は2mm。もう一回脱皮すると成体になる。腹には、たくさんの卵が入っている。

Q：コトクラゲの学名は、エンペラー!?

A：コトクラゲの学名は *imperatoris*（インペラトリス）、ラテン語で「エンペラー（天皇）」という意味だ。1941年に発見された生物だが、発見者は昭和天皇。そのため、エンペラーという意味の学名がつけられたのだ。クシクラゲは、クラゲとは別のグループの生物だが、クラゲのように漂うものが多い。その中でコトクラゲは、成体になると岩などにくっついて、泳ぐことはない。

ナメクジウオと人間の関係は？

40億年ほど前、地球に最初に生まれた生物は、細菌のような単細胞生物だったはずです。細胞ひとつだけの生物がつながって多細胞生物になり、環境に合わせて少しずつ体を変化させ、進化してきました。

魚やわたしたち哺乳類のように、背骨のある脊椎動物が生まれたのは5億年ほど前。その少し前に、まだ背骨はできないけれど、脊索という器官がある生物が生まれました。ナメクジウオ（頭索動物）やホヤ（尾索動物）の仲間です。脊索は、背中にあって体を支える棒のような器官。わたしたちも、生まれる前には脊索がありますが、次第に背骨ができて、生まれるときには脊索はなくなります。

ナメクジウオに背骨はなく、ずっと脊索を持っています。わたしたち人間の祖先のような形の生物なのです。

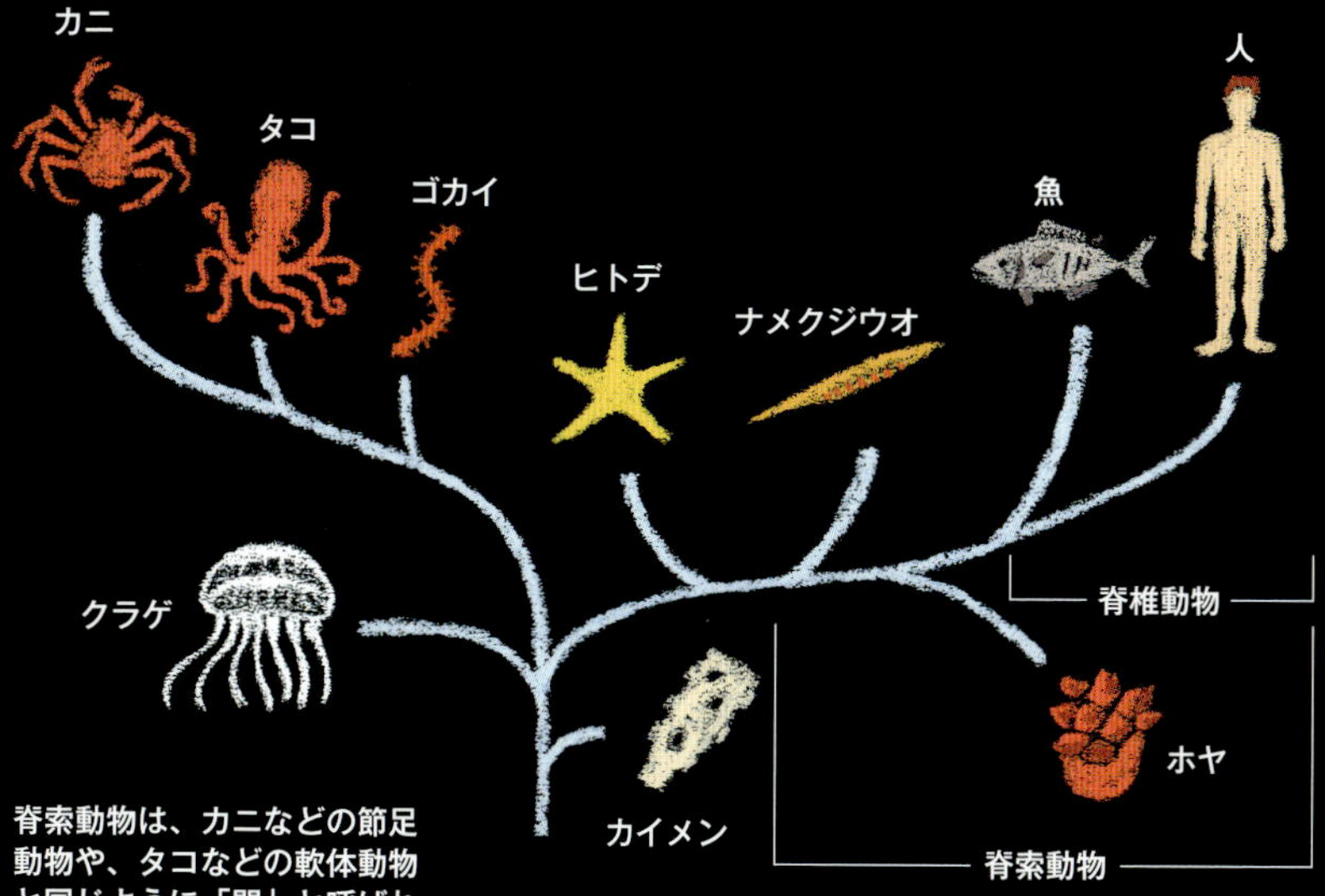

脊索動物は、カニなどの節足動物や、タコなどの軟体動物と同じように「門」と呼ばれるグループのひとつ。

深海生物が教えてくれること

なぜ、研究者たちは、深海の生物を調べるのでしょうか？
それは、わたしたち地上の生物とは
まったく違う環境にいる生物を研究することで、
地球上にどうやって生物が生まれ、
進化したかを知ることができるからです。
また、多様な生物の関係を知ることで、
地球の様々な生物同士の関係を解明することができます。
深海では、互いに関係を持ちながら、
とてもたくさんの種類の生物が生きているので、
深海の生物を知らなくては、地球の生物の全体の姿を
理解することはできないのです。

ズータムニウム

Zoothamnium niveum

- 細胞の直径：1mm
- 採集した場所：東京湾
- 採集した水深：5m

丸い粒ひとつひとつが単細胞生物。それが集まってクリスマスツリーのような形をつくっている。細胞の周りが白く見えるのは化学合成細菌によるものだ。ズータムニウムは、細胞表面にすむ共生細菌を食べて生きている。写真は、東京湾のクジラの骨の上で見つかったもの。カリブ海などのマングローブの葉が積もったところにも硫化物が発生し、同じズータムニウムが見つかっている。化学合成細菌は、様々な生物と共生しているのだ。

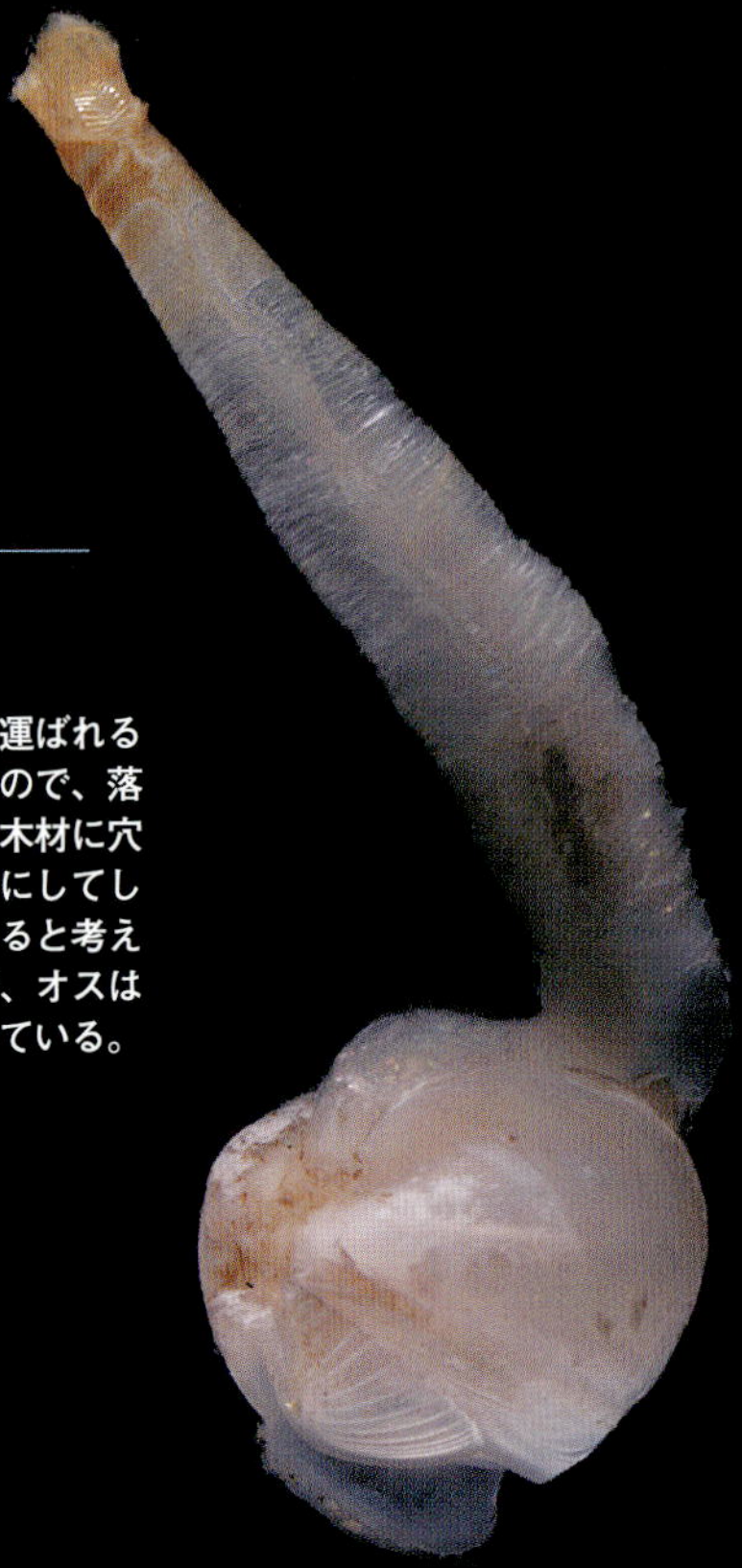

メオトキクイガイの仲間

Xylopholas sp.

- 全長：20mm
- 採集した場所：相模湾
- 採集した水深：1150m

木は台風や波などによって陸上から海に運ばれることがある。深海は獲物の少ない世界なので、落ちてきたものは何でもご馳走。この貝は木材に穴を開け、そのけずりカスを分解して栄養にしてしまう。分解には特別な細菌が関わっていると考えられている。木を掘るのはメスの役目で、オスは点のように小さく、メスの体にくっついている。

サシバゴカイの仲間

Phyllodoce sp.

◆ 全長：5cm
◆ 採集した場所：南西諸島海溝
◆ 採集した水深：276m

ゴカイの仲間は、細長い、ひものような体型をしている。普段は海底の泥の中にいるものが多いが、陸から流れてきて深海に沈んだ木にすむものもいる。これはその一種だ。しかし、まだくわしい生態は解明されていない。

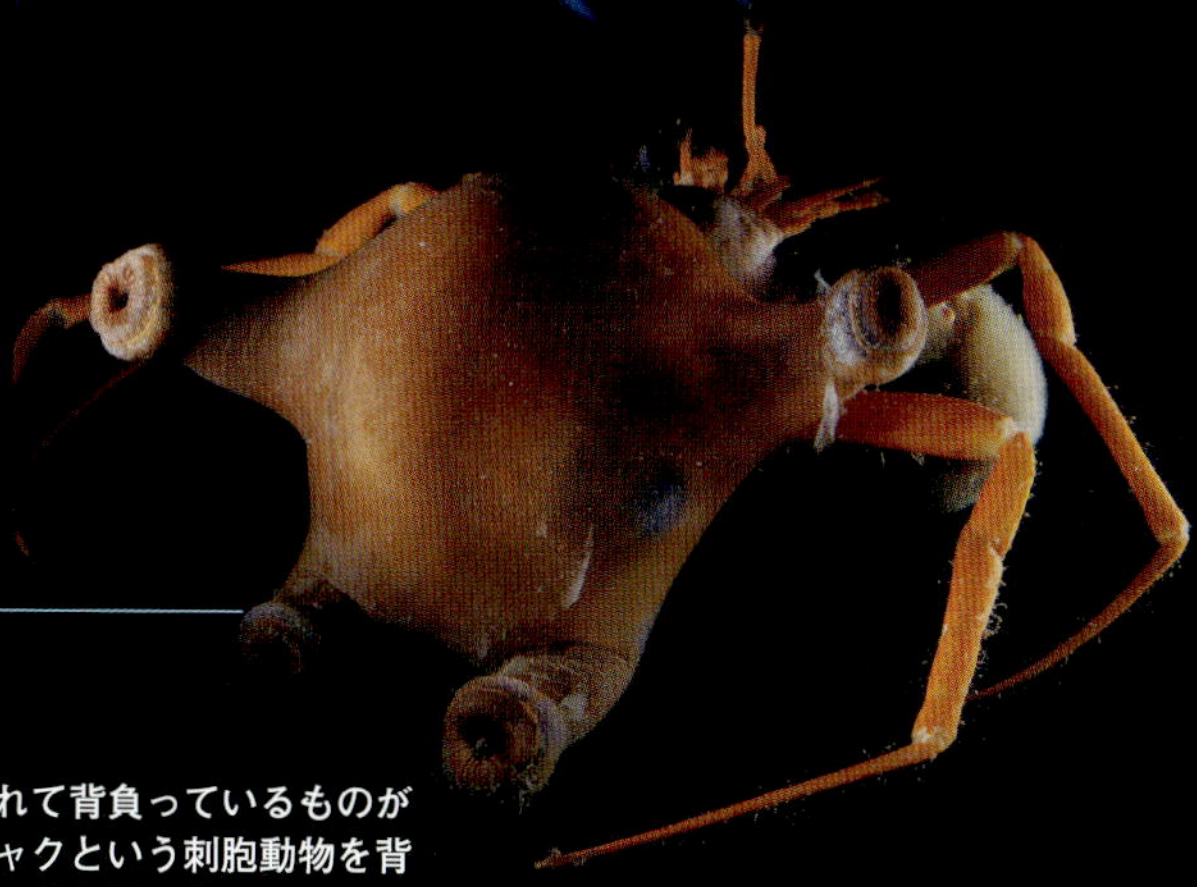

イイジマオキヤドカリ

Sympagurus dofleini

◆ 全長：10cm
◆ 採集した場所：南西諸島海溝
◆ 採集した水深：2997m

ヤドカリは、腹部を巻き貝の中に入れて背負っているものが多いが、このヤドカリはスナギンチャクという刺胞動物を背負っている。このヤドカリは、初めは巻き貝の中に入っていたが、その貝がらにスナギンチャクがつき、スナギンチャクは貝がらを少しずつ溶かして成長する。最後はヤドカリが直接、スナギンチャクを背負うことになる。

ウミイサゴムシの仲間

Amphictene sp.

- 全長：1.9cm
- 採集した場所：岩手県大槌沖
- 採集した水深：726m

「海のイサゴムシ」という意味の名。名の由来になったイサゴムシはトビケラの幼虫で、小さな石や水草、水中の枯葉などを使ってミノムシのような巣をつくって水中で暮らす。ウミイサゴムシはゴカイの一種。砂粒を集めて巣をつくる。金色に光っているのは「棘針」という部分で、これを使って堆積物の中を掘り進む。

Q：深海に落ちて来る人間のゴミがある？

A：残念ながら、深海にも人間のゴミがたくさん落ちています。ビニール袋や空き缶、マネキンから冷蔵庫まで。生物の死がいは、様々な動物が食べたり分解したりしますが、そうしたゴミは長い間残ってしまうのです。

フナクイムシの仲間

Teredinidae gen. sp.

- 全長：7cm
- 採集した場所：南西諸島海溝
- 採集した水深：1031m

メオトキクイガイと同じく、ドリルのような貝がらを動かして、海底の木に穴を開け、けずりカスを食べる。普通の動物が消化できないセルロースを分解できる酵素を持っているので、セルロースから栄養をとることができるのだ。

ハイカブリニナの仲間

Provanna sp.

- からの幅：1cm
- 採集した場所：伊豆・小笠原海域水曜海山
- 採集した水深：1381m

このグループは世界中の熱水噴出孔などに生息している。さらに、最近の研究で、クジラが生まれるより前にいた首長竜の骨の化石のそばから、この貝の仲間の化石が発見された。死んで海底に沈んだ首長竜の骨に生えた細菌を食べていたのではないかと考えられている。

ウミネジガイの仲間

Heterobranchia gen.sp.

- からの幅：1mm
- 採集した場所：南西諸島海溝
- 採集した水深：276m

海底に沈んだ木から見つかった巻き貝の一種。だが、何を食べているのかなど、くわしい生態は解明されていない。沈んだ木の周りの生物にも、まだ謎がたくさんある。

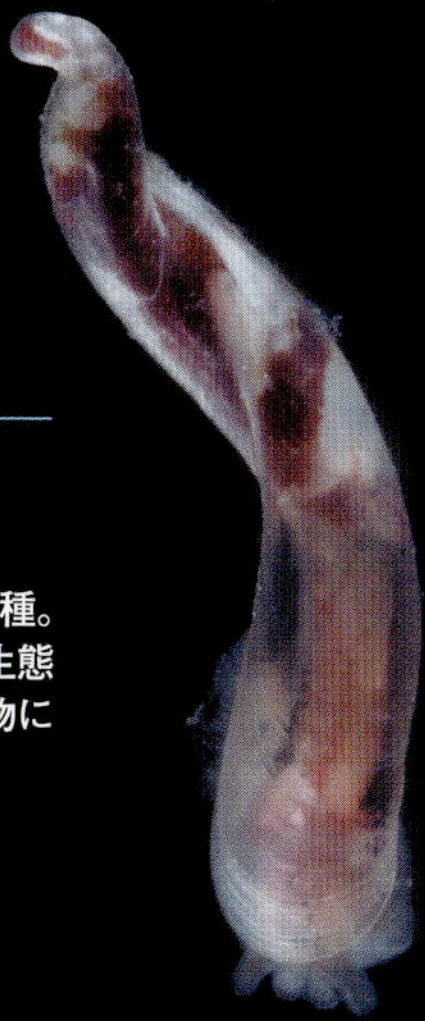

沈んだ木やクジラの骨は飛び石？

深海の生物について研究する中で、化学合成細菌と共生する生きものが、どのようにしてクジラの骨や熱水噴出孔に暮らすようになったのかが、謎でした。

そこで生まれたのが、「飛び石仮説」です。飛び石とは、庭などを歩くために少し離れて置かれた石のこと。

仮説では、次のように考えられています。

遥か昔、貝がついた流木(①)が海底に沈み、腐って硫化水素が発生するようになると、木についていた貝の中から、化学合成細菌と共生するものが生まれました(②)。

さらに、首長竜がいた時代には、深海に沈んだ首長竜の骨からも硫化水素が発生し、化学合成細菌を共生させる貝がやって来ました(③)。

そんな貝の子孫が、のちに、クジラの骨(④)や熱水噴出孔(⑤)に暮らすようになったのではないかということです。

この仮説が正しいかどうか、今も研究が続けられています。

❶ 流木に貝がつく

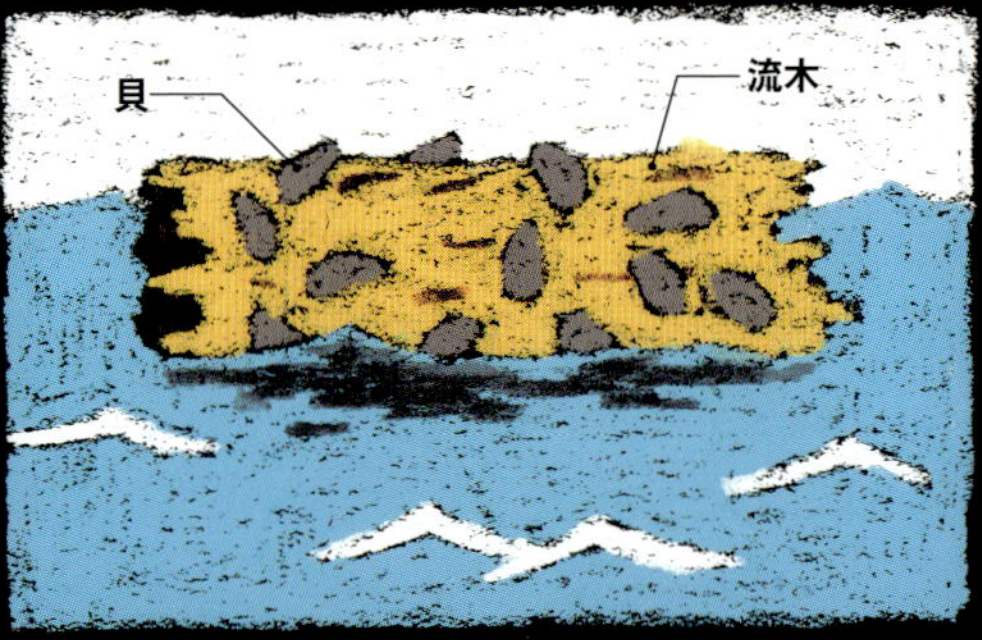

↓

❷流木が沈む

❸ 首長竜の骨に貝がすむ

❹クジラの骨に貝がすむ

❺ 熱水噴出孔に貝が集まる

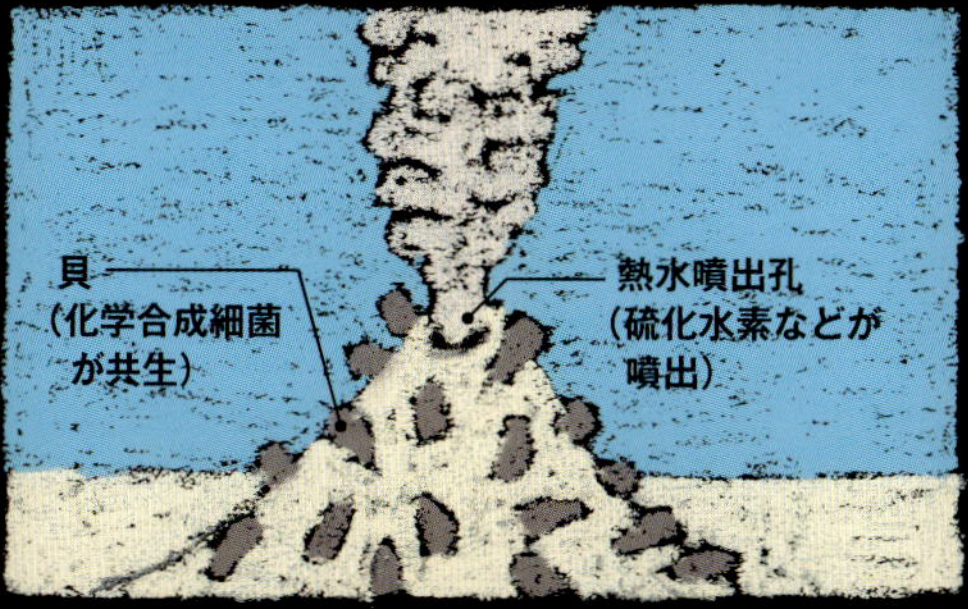

深海生物と、これから

深海では、生物の謎について、
これまでの科学の常識を覆す事実がいくつも発見されています。
地球最初の生命についても、熱水噴出孔の地下のような、
わたしたち人間にとっては考えられないような過酷な環境でこそ、
生まれたのではないかと考えられるようになってきました。
また、深海や、深海底のさらに下には、
たくさんの未知の生物が存在することがわかってきました。
かつては、わたしたちが生活している環境に似ていなければ
生命は存在しないと考えられていましたが、
深海での様々な発見により、地球外生命についても、
その常識が変わろうとしています。
でも、まだまだ深海は未知の世界。
次に新発見をするのは、あなたかもしれません。

ダンゴイカの仲間（卵）

Sepiola sp.

- 直径：1cm
- 採集した場所：南西諸島海溝
- 採集した水深：502m

深海に沈めた調査器具をしばっていたロープに、たくさんのイカの卵が産みつけられていた。卵の中に、赤ちゃんの姿が見えている。

ロープに産みつけられたダンゴイカの仲間の卵。深海生物は環境に合わせてたくましく生きている。

ゴエモンコシオリエビ（幼生）

Shinkaia crosnieri

- ◆ 全長：1cm
- ◆ 採集した場所：沖縄トラフ
- ◆ 採集した水深：981m

深海の熱水噴出域に生息するコシオリエビの仲間。熱水のそばにいるので、釜ゆでにされた大どろぼう、石川五右衛門からその名がついた。成体になると眼を失うが、幼生の間はまだ眼があるのがわかる。

コノハエビの仲間

Nebalia sp.

- 全長：1cm
- 採集した場所：鹿児島湾
- 採集した水深：200m

熱水噴出域に暮らすコノハエビの母親と子どもたち。母親の胸にしがみついているたくさんの子どもたちの黒い小さな眼が見える。卵から孵ってしばらくは、こうして母親にくっついて過ごす。

シャコの仲間（幼生）

Stomatopoda sp.

- 全長：4cm
- 採集した場所：鹿児島沖
- 採集した水深：不明

宇宙人のような姿だが、エビやカニの仲間だ。成体のシャコは強力なツメやかたいトゲで武装しているが、幼生は非常に華奢で弱いので、体を透明にして、敵から見つかりにくくしている。

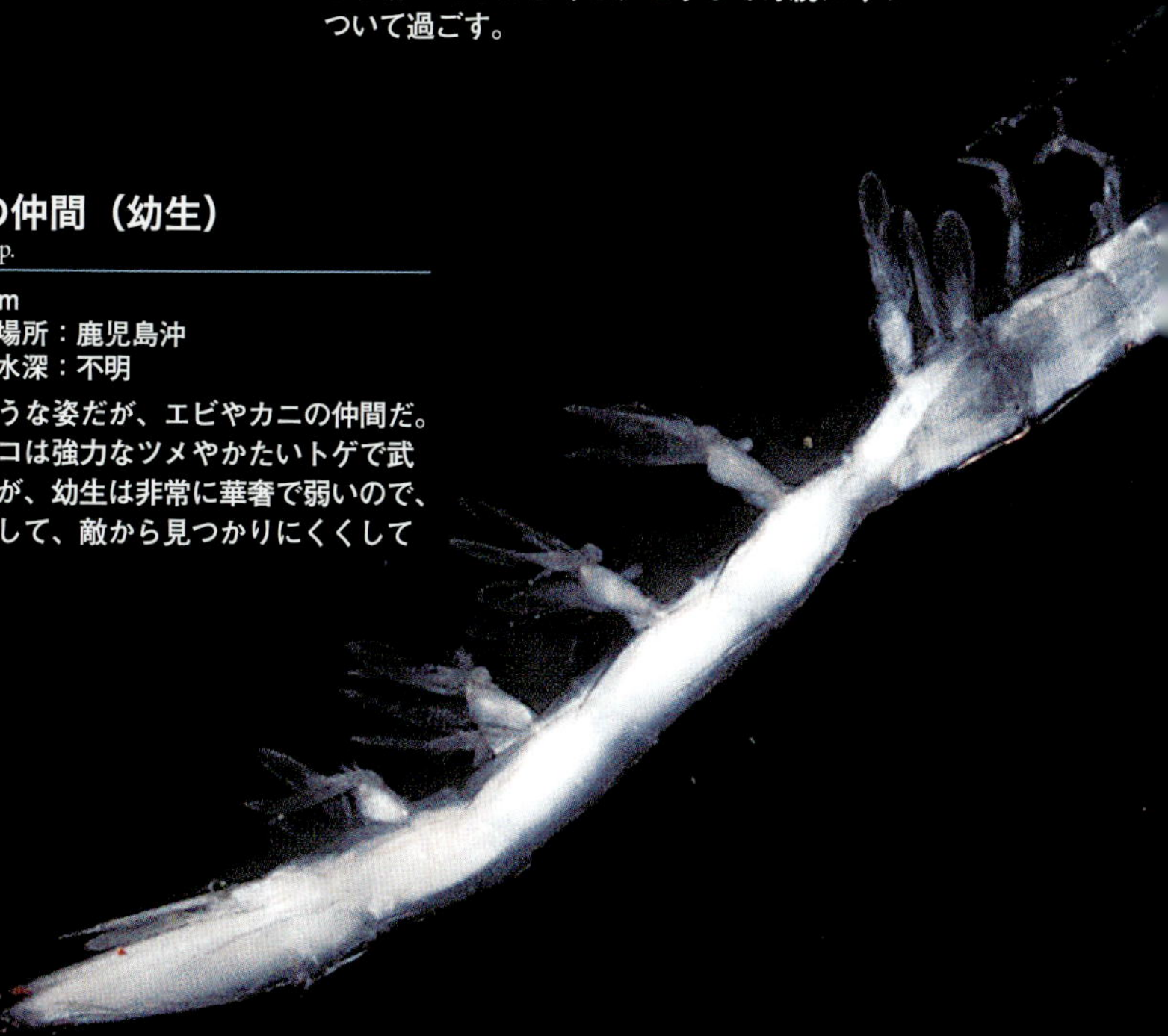

ホモラの仲間（幼生）
Homolidae gen. sp.

- 全長：2cm
- 採集した場所：鹿児島沖
- 採集した水深：不明

ホモラは、カニの一種。これは、その幼生。大きなトゲが生えている。このトゲのおかげで，流れに乗りやすくなったり、敵に食べられにくかったりすると考えられている。

ヒレギレイカ（幼生）
Chtenopteryx sicula

- 全長：2cm
- 採集した場所：沖縄トラフ
- 採集した水深：1520m

熱水噴出孔から噴き上げられた、暖かい海水の塊の中で採集された。体の真ん中で大きく光るのは発光器。他のイカに比べて腕が短い。腕を除いた長さが、成体になっても10cm 程度の、小型のイカだ。

海の生物の多様性を感じる

海にはたくさんの生物がいます。ちりめんじゃこの中に混じっている生物を探して、海の生物の多様性を感じてみましょう。

感じる実験

ちりめんじゃこの宝さがし

1 海辺でつくられたものなど、アミなどの小さな生きものが混じったままのちりめんじゃこを用意し、黒い紙の上などに広げ、虫眼鏡で見る。

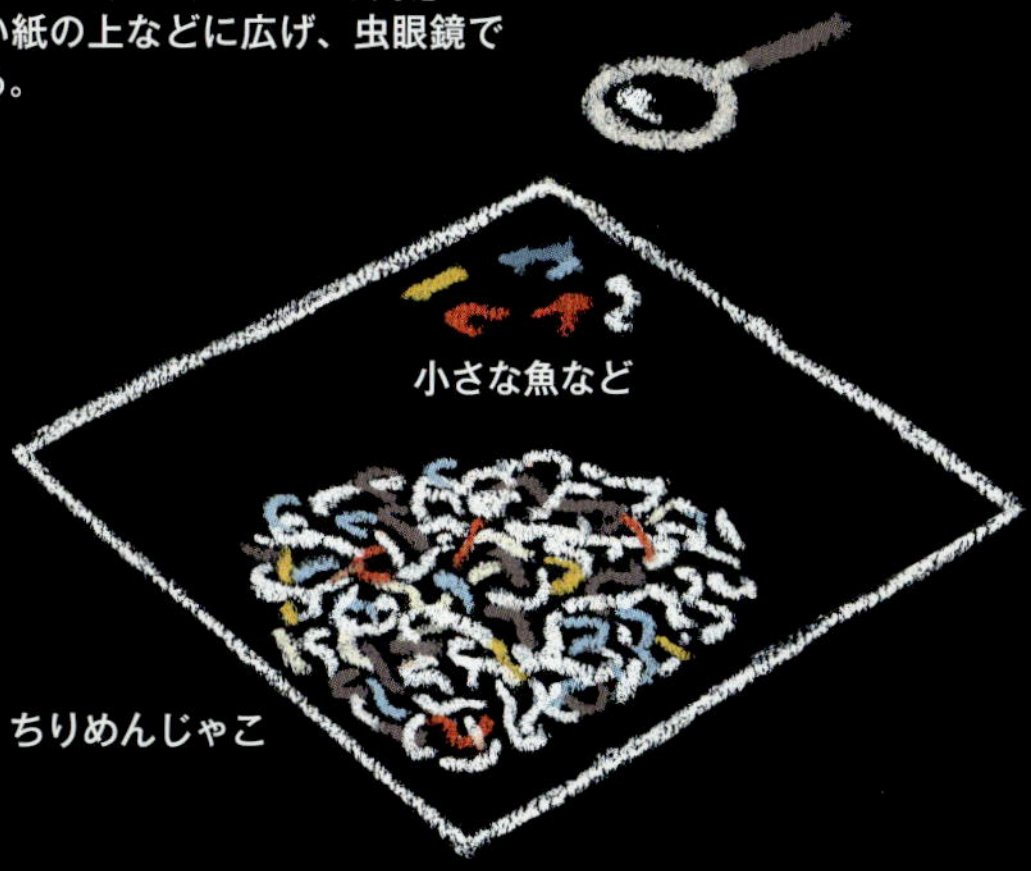

2 エビやカニ、イカやタコの子どもや、小さな魚、タツノオトシゴなどが見つかることもある。

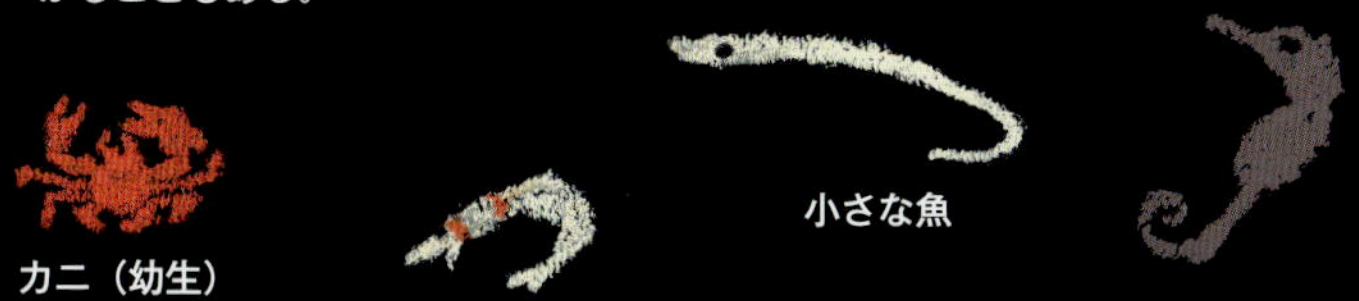

あとがき

今わたしは深海の「ライオン」を探る研究をしています。「生態ピラミッド」という言葉をご存じでしょうか。植物などの生産者を底辺、肉食動物を頂点として生態系をピラミッドに模したものです。サバンナでいえば草原の植物が底辺、ライオンが頂点に位置します。そして生態ピラミッドの頂点に位置する動物を頂点捕食者「トップ・プレデター」と呼びます。北の海のトップ・プレデターの代表は海のギャングとも呼ばれるシャチでしょう。時に自分よりも大きなクジラも襲う獰猛なハンターです。では深海のトップ・プレデターはいったい誰でしょう？39光年離れた太陽系外の惑星に海が存在する可能性がお茶の間を賑わすこの時代においても、深海のトップ・プレデター、すなわちライオンの役割を果たすのがいったい誰なのかすらわかっていない、それが深海です。

かつて深海は生物のいない世界だと考えられていました。実際、深海に暮らす生物の密度は浅い海に比べてとても小さいのです。しかし、そこに暮らす生物の種類は非常に多く、サンゴ礁にも匹敵するほど多様な生物が暮らす場所であることがわかってきました。

深海生物は奇妙な生きものとしてテレビや雑誌にたびたび取り上げられます。たしかに発光する生きものたちや巨大な口をした魚、はたまた毒ガスを食らって生きる動物まで、浅い海ではあまりお目にかかれない生物が深海にはたくさんいます。ではなぜそのような、姿形をしているのでしょう？　それは深海の環境が我々の暮らす世界とは、とても違っているからです。まず深海には光はほとんど、届きません。真っ暗な世界で上手にエサや敵や恋人を見つけるために、多くの深海生物は発光する、という能力を手に入れました。

また光の届かない世界では植物プランクトンによる光合成が行われないので常にエサ不足です。そこで深海魚の中には巨大な口を持つものが生まれました。時に自分の体よりも大きなものを飲み込み、次のエサに出会うまでの間、エサなしでガマンして耐えるのです。

潜水調査船トライトンに乗る著者（左）。
©Ian Kellett

エサ不足の世界で、みずから積極的にエネルギーを生み出す能力を身につけた動物もいます。海底温泉やクジラの死がいの周りに集まる多くの動物たちは、有毒な化学物質を利用して栄養をつくり出す特別な細菌を共生させるという能力を手に入れました。

そうです。深海生物が奇妙に見えるのは、深海という環境でうまく生き抜くための術を身につけた結果なのです。深海生物から見れば、浅いところに暮らす生物はとても奇妙に思えるでしょう。

このように深海生物の謎が少しずつ解き明かされてきたのは、海を調査する技術の発展があったからです。特に深海の様子をありのままに見せてくれる有人潜水調査船や無人探査機が開発されてから、深海生物の研究はめざましい発展を遂げました。今も深海を調査するための新しい装置が続々と開発されています。このような技術がさらに深海の謎を解き明かしてくれるに違いありません。

わたしは20年以上にわたり、深海生物の研究を続けてきました。世界中の研究者とともに小さな発見という糸をつむぎ、それを縦横に組み合わせながら「深海生物ワールド」という大きな織物を織り上げようとしています。でも深海は大きくて深い世界。まだまだ見つかっていないものがたくさんあります。つむぎ手も織り手も足りません。

読者のみなさん、まずは身近な海に行ってみませんか？　幸い日本は海に囲まれたアイランド。次の発見は今あなたが拾い上げたその貝がらかもしれません。だって目の前の海は必ず深海につながっているのですから。

2017年4月1日
藤原義弘

た

は

ま

や

索引

日本近海のサンプル採集場所

- 01 伊豆・小笠原海域水曜海山
- 02 伊豆・小笠原海域須《す》美《み》寿《す》海山《かいざん》
- 03 沖縄トラフ
- 04 鹿児島県野間岬沖（鹿児島沖）
- 05 鹿児島湾
- 06 北マリアナ諸島海域日光海山
- 07 相模湾
- 08 相模湾初島沖
- 09 三陸沖
- 10 大槌沖・釜石沖
- 11 東京湾
- 12 富山トラフ海鷹《うみたか》海脚《かいきゃく》
- 13 南西諸島海溝
- 14 西之島南海丘

世界のサンプル採集場所

- 15 インド洋ロドリゲス三重点
- 16 マヌス海盆《かいぼん》
- 17 マリアナ海溝
- 18 メキシコ湾

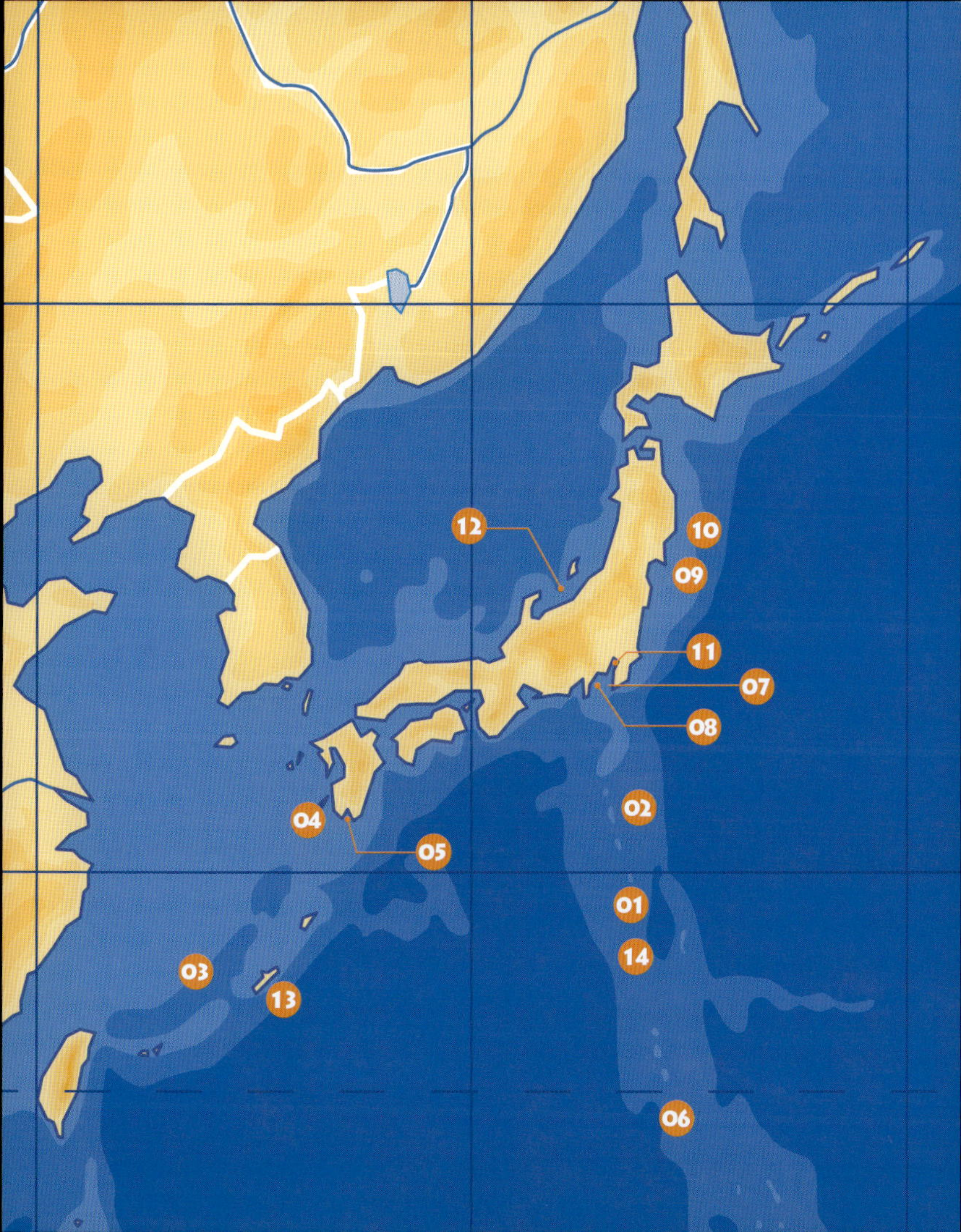
12
10
09
11
07
08
02
04
05
01
14
03
13
06

写真・文　藤原 義弘 ふじわら よしひろ

1969 年岡山県生まれ。1993 年、筑波大学修士課程修了。1993 年、海洋科学技術センター入所。2001 年、博士（理学）取得。2003 年、米国スクリプス海洋研究所留学。2014 年より、海洋研究開発機構 海洋生物多様性研究分野分野長代理。現在、上席技術研究員。深海の頂点捕食者「トップ・プレデター」を探る研究を行なっている。そのかたわら、深海生物の撮影にも取り組む。著書に『追跡！なぞの深海生物』（あかね書房）、『深海のとっても変わった生きもの』（幻冬舎）、『深海 鯨が誘うもうひとつの世界』（山と渓谷社）などがある。東京海洋大学大学院海洋科学技術研究科・客員教授も兼務している。

文　中野 富美子 なかの ふみこ

東京都生まれ。編集者＆ライター。編集プロダクション勤務を経て、現在はフリーランス。自然や伝統文化をテーマにした書籍や雑誌の製作にたずさわっている。編集と文を担当した本に、『追跡！なぞの深海生物』（あかね書房）、『色の名前』『森の本』（ともに角川書店）、『自然のことのは』『深海のとっても変わった生きもの』（ともに幻冬舎）、『ふしぎをためす図鑑 しぜんあそび』（フレーベル館）などがある。

◆参考資料

『深海のフシギな生きもの――水深 11000 メートルまでの美しき魔物たち』
（藤倉克則、ドゥーグル・リンズィー 監修　ネイチャー・プロ編集室 構成・文／幻冬舎）
『深海のとっても変わった生きもの』（藤原義弘 著　ネイチャー・プロ編集室 構成／幻冬舎）
『潜水調査船が観た深海生物――深海生物研究の現在』（藤倉克則、丸山正、奥谷喬司 編著／東海大学出版会）
『深海 鯨が誘うもうひとつの世界』（藤原義弘 監修・写真　なかのひろみ、藤原義弘 構成・文／山と渓谷社）

◆撮影協力

NHK（p.33 タカアシガニ、p.68 カグラザメ）
新江ノ島水族館（p.31 ダイオウグソクムシ、p.51 カイレイツノナシオハラエビ）
葛西臨海水族園（p.15 現場バイオプシーシステム「IBIS」、p.19 セノテヅルモヅル）
外房捕鯨（p.69 イタチザメ）

◆写真提供

海洋研究開発機構（p.8 マリンスノー、p.10–p.13 すべて、p.14 ハイパードルフィン、p.15 かいこう Mk-Ⅳ、ベイトカメラ、p.16 高圧実験水槽、p.17 チタン合金ボール、p.22 ヒゲナガダコの仲間、p.33 カイコウオオソコエビ、 p.52 熱水噴出孔）
東北マリンサイエンス拠点形成事業／東海大学（p.47 唐丹湾超音波画像）
ドゥーグル・リンズィー（p.45 コウモリダコ）
イアン・ケレット（p.91 トライトンに乗る著者）
宮崎征行（海洋研究開発機構）（p.29 深海生物を撮影する著者、奥付 潜水調査船トライトンに乗り込む著者）

イラスト……………祖敷 大輔
ブックデザイン……………椎名 麻美
プリンティングディレクター……丹下 善尚（図書印刷株式会社）

美しい深海生物

2017 年 7 月 18 日　初版

写真・文……………藤原義弘
文……………中野富美子
発行者……………岡本光晴
発行所……………株式会社あかね書房
〒101-0065　東京都千代田区西神田 3-2-1
電話　営業（03）3263-0641　編集（03）3263-0644
印刷・製本……………図書印刷株式会社

NDC480　95 ページ　22㎝

©Y.Fujiwara/JAMSTEC, F.Nakano 2017 Printed in Japan

ISBN978-4-251-09722-4　C0045
落丁・乱丁本はお取りかえいたします。定価はカバーに表示してあります。
※本書は、2013 年 6 月、小社より刊行された『追跡！なぞの深海生物』を再構成、増補したものです。
http://www.akaneshobo.co.jp